LES
LEÇONS DE LA VIE

PAR

Mlle V. NOTTRET,

MAÎTRESSE DE PENSION,

Auteur de « *Bouquet de Nouvelles, l'Orpheline d'Onval, Roses et Soucis*, etc. »

PARIS

J. M. LAROCHE, LIBRAIRE-GÉRANT,
Rue Bonaparte, 66,

LEIPZIG

L. A. KITTLER, COMMISSIONNAIRE
Querstrasse, 34.

H. CASTERMAN
TOURNAI.

LES
LEÇONS DE LA VIE

LES
LEÇONS DE LA VIE

PAR

Mlle V. NOTTRET,

MAITRESSE DE PENSION,

Auteur de « Bouquet de Nouvelles, l'Orpheline d'Onval,
Roses et Soucis, etc. »

PARIS   ✦   LEIPZIG

P. M. LAROCHE, LIBRAIRE-GÉRANT,   L. A. KITTLER, COMMISSIONNAIRE

Rue Bonaparte, 66,   Querstrasse, 34.

H. CASTERMAN
TOURNAI.
1867

LES
LEÇONS DE LA VIE

I

Deux familles.

Par un triste jour de novembre, les sons plaintifs du glas funèbre faisaient retentir dans l'air leurs vibrations lugubres, tandis qu'un groupe assez nombreux d'habitants de la ville de Liége se pressait dans l'église Saint-Servais, pour rendre les derniers devoirs à un de leurs compatriotes.

La mort avait cette fois encore frappé un de ces coups rapides, douloureux, qui déconcertent toutes les prévisions humaines, et portent le désespoir au sein d'une famille, en lui enlevant non-seulement un chef tendrement aimé, mais encore un protecteur dont le travail assidu alimentait son existence. Celui qui venait de disparaître de la scène du monde était un peintre de talent; il se nommait Henri Valmeire, et avait été frappé dans la force de l'âge, alors qu'il paraissait encore plein de sève, de vigueur, et semblait avoir devant lui de longues années de vie.

Tandis que la lugubre cérémonie s'accomplissait, une scène émouvante avait lieu dans une salle basse d'une maison de la rue Agimont. Une jeune fille de dix-neuf ans à peu près et une enfant d'une dizaine d'années se tenaient étroitement enlacées, confondant leurs larmes et leurs sanglots. C'étaient les filles de M. Valmeire qui déjà n'avaient plus de mère ; aussi chacun des tintements de la cloche retentissait douloureusement dans leurs cœurs, et elles paraissaient en proie à une immense affliction. Des voisines, des amies réunies autour d'elles avaient essayé de leur faire entendre quelques consolations banales ; mais elles avaient bientôt compris que les deux sœurs étaient absorbées dans une unique pensée dont rien ne pouvait les distraire, et que les premiers moments qui suivaient une perte si cruelle devaient être donnés tout entiers à la douleur.

Leur aspect était certes de nature à inspirer la pitié, car jamais la souffrance ne paraît plus navrante que sur un visage de jeune fille et d'enfant. Ne semble-t-il pas que le bonheur devrait seul caresser de son souffle embaumé ceux qui hasardent leurs premiers pas sur le chemin de la vie, et ne possèdent point encore cette force d'âme que les années peuvent seules faire acquérir et qui aide à supporter les épreuves inséparables de cette vie passagère?

Les heures de cette cruelle journée s'écoulèrent pour les deux sœurs lentes et remplies d'angoisses; il est vrai de dire que si toutes deux versaient des pleurs, le sentiment qui oppressait l'âme de la petite Mathilde, la plus jeune des deux, était bien moins amer, moins douloureux. L'inexpérience de son âge lui voilait l'étendue de son malheur; mais Fanny, sa sœur aînée, en sentait toute la profondeur. Aussi quand le soir fut venu et qu'elles se retrouvèrent seules dans la petite chambre qu'elles partageaient, la jeune fille éprouva une sorte de soulagement, car là du moins il allait lui être permis de s'abandonner sans contrainte à ses sentiments.

Elle prit sa sœur dans ses bras, et, la pressant avec effusion sur son cœur :

— Pauvre petite Mathilde! lui dit-elle, si jeune et déjà orpheline....

— Chère Fanny, dit l'enfant d'une voix brisée, je ne verrai donc plus notre bon père qui me souriait si doucement et me prodiguait tant de caresses!

Puis elle ajouta d'un ton suppliant :

— Toi du moins, ma sœur, tu ne me quitteras pas?

— Non, non, reprit mademoiselle Valmeire, nous ne nous séparerons pas; je serai toujours à tes côtés pour te chérir, te protéger.

Et elle scella sa promesse par un long baiser déposé sur le front de l'enfant.

Les deux sœurs formaient un groupe ravissant à contempler. Mathilde, avec ses cheveux bouclés, ses traits mignons et gracieux, avait le plus charmant visage que l'imagination pût rêver.

Quant à Fanny, elle était belle, non d'une beauté destinée à éblouir, mais à charmer, à attendrir. Ses grands yeux limpides et profonds avaient une expression d'ineffable douceur; on eût dit qu'une auréole de candeur, d'innocence, rayonnait autour de son front. A son aspect, on pouvait deviner qu'il n'y avait en elle rien que de pur, d'honnête, et que tous les élans de son âme s'élevaient vers le bien.

On reconnaissait sur-le-champ en elle la femme née pour les saintes tendresses du foyer, pour le silence, l'obscurité, et non pour briller sur la scène du monde, pour s'enivrer d'hommages et d'applaudissements.

Ce n'était pas qu'il y eût en Fanny rien de vulgaire; si elle se montrait constamment simple et naturelle, elle avait une rare élévation d'idées et de sentiments qu'elle devait sans doute à l'atmosphère qui l'avait entourée dès ses premières années.

Sans doute les hommes naissent avec des inclinations diverses, mais presque toujours la famille est le moule où se modèle l'ame humaine.

Tantôt elle s'y imprègne de vertu, de noblesse, comme dans un sanctuaire; tantôt elle y respire le souffle empoisonné de l'égoïsme, qui la perd et la corrompt pour jamais.

Or, Fanny était née et avait grandi dans un milieu propre à développer les dons heureux qu'elle avait reçus du Ciel, et en même temps à éveiller en elle de l'enthousiasme pour le beau.

Henri Valmeire était un artiste dans la plus noble acception du mot : il ne visait point à l'originalité, il n'aspirait point à se distinguer de la foule par l'étrangeté de ses allures, mais un vif attrait l'entraînait vers tout ce qui élève et agrandit l'esprit.

L'art était pour lui quelque chose de sacré; toutefois son amour de l'idéal ne l'emportait point au-delà des limites du juste et du vrai. Il ne s'inspirait pour ses travaux qu'aux sources les plus pures, et déployait en toutes circonstances les qualités d'un homme d'honneur.

Henri Valmeire avait épousé une jeune femme née dans une condition supérieure à la sienne, et qui, pour s'unir à lui, avait renoncé aux plus brillants partis.

Dieu bénit les jeunes époux.

Le jeune peintre avait entièrement justifié la confiance de celle qui avait mis en lui ses espérances. Il avait payé son sacrifice par son affection, son dévouement, et jamais un nuage n'avait troublé le ciel toujours pur de leur tendresse mutuelle.

Pauvre lui-même, M. Valmeire avait lutté avec une ardeur infatigable, afin de faire régner autour d'elle, par son travail, cette aisance à laquelle la jeune femme avait renoncé pour l'amour de lui. Autant qu'il avait été en son pouvoir, il avait rendu tous les jours de sa vie doux et faciles. Aussi, quand, douze années environ après leur mariage, la jeune femme était descendue prématurément dans la tombe, M. Valmeire avait senti son cœur se briser et donné à la perte de sa compagne les regrets les plus amers.

Fanny témoin depuis sa plus tendre enfance de la conduite généreuse de son père, de l'affection ingénieuse et attentive de sa mère, initiée par eux à toutes les délicatesses du cœur et de l'esprit, était devenue l'espoir et la consolation de l'artiste.

Puisant une force nouvelle dans son amour paternel, il avait interrogé l'avenir avec plus de sérénité, et s'était rattaché à l'existence pour voir grandir cette fleur fraîche et vivace qui allait croître et s'épanouir sous sa protection.

Mathilde essayait alors ses premiers pas, elle ne pouvait encore donner que des baisers et des caresses; aussi Fanny avait compris qu'elle était tout pour son père : force, espoir, courage ; qu'elle lui apparaissait comme une étoile radieuse à l'horizon, à lui pauvre naufragé battu par les orages de la vie.

La jeune fille était restée à la hauteur de sa tâche. Alors que les grâces de l'adolescence s'épanouissaient sur son visage, alors qu'elle était arrivée à cet âge où d'ordinaire les pensées s'élancent vers les frivolités de la vie, ses idées avaient pris déjà une teinte grave et sérieuse.

M. Valmeire pouvait s'entretenir avec elle de son art favori, des transformations subies par lui, des grands maîtres qui l'ont illustré. Elle ne raisonnait pas seulement d'après ce qui avait été confié à sa mémoire ; elle comprenait et admirait d'instinct la grâce naïve de Teniers, le puissant coloris de Rubens ; elle se sentait impressionnée à la vue d'une œuvre de Van Dyck ou de Raphaël.

Toutefois si son imagination était vive, ce n'était point cette flamme qui dévore et consume, mais une lueur douce qui éclaire et vivifie.

Il y avait d'ailleurs harmonie parfaite entre toutes ses facultés. La sensibilité n'ôtait rien à la droiture de sa raison ; si les actions d'éclat et les œuvres du génie excitaient son enthousiasme, elle appréciait plus encore cet héroïsme trop souvent inaperçu du vulgaire qui consiste à immoler tout à son devoir, à s'élever en quelque sorte au-dessus d'une nature faible et corrompue, pour n'apporter dans la grande famille humaine que l'oubli de soi-même et l'amour constant de Dieu, de la justice et de la vérité.

Si la jeunesse de Fanny avait eu des heures sérieuses, elle n'avait pas été entièrement dépourvue de toutes les jouissances qui peuvent en faire le charme. Elle avait souvent goûté les plus doux instants dans la société d'une jeune fille qui habitait une maison voisine de celle de M. Valmeire.

Eveline Dableville, ainsi se nommait-elle, avait pour père un architecte, et était à peu près du même âge que Fanny ; mais son caractère n'était nullement en rapport avec celui de mademoiselle Valmeire.

Elle était vive, rieuse, légère, avide de mouvement et d'animation. La vie n'avait eu pour elle que des roses ; elle savourait les joies du présent, souriait gaîment à l'avenir, changeant de goûts et de désirs avec la mobilité d'une enfant accoutumée aux gâteries, à l'adulation.

Si les impressions d'Eveline étaient fugitives, elle ne se montrait pas moins constamment aimable, empressée à l'égard de Fanny ; aussi celle-ci éprouvait pour sa jeune amie un attachement sincère, et apportait dans cette liaison une grande chaleur de sentiment.

Madame Dableville, douée d'un sens profond et d'un cœur excellent, avait vu avec plaisir l'amitié qui se formait entre Eveline et Fanny dont elle appréciait les rares qualités. Elle avait compris que la société de mademoiselle Valmeire ne pouvait qu'exercer une heureuse influence sur son enfant chérie. Aussi lui témoignait-elle la plus grande sympathie, et il n'était pas chez madame Dableville de fête de famille à laquelle Fanny ne fût conviée.

L'intimité des deux jeunes personnes, rendue facile par le voisinage, avait grandi avec elles. Les jeux du premier âge avaient fait place aux travaux accomplis en commun, aux douces et affectueuses causeries dans lesquelles chacune mettait à nu son âme naïve, et épanchait dans le cœur de l'autre ses pensées les plus intimes.

Les traits d'Eveline n'avaient point la suave pureté de ceux de Fanny; mais elle n'en était pas moins aimable, car on voyait briller en elle, dans tout son éclat, la délicate fraîcheur de la jeunesse, fleur éphémère qui n'est rien sans la vertu et la noblesse du cœur.

Mademoiselle Dableville avait un frère nommé Albert, de quelques années plus âgé qu'elle, et qui formait avec la jeune fille un contraste frappant, car il était d'une nature sérieuse et réfléchie.

Il se préparait à embrasser la profession de son père, et avait terminé ses études avec le plus grand succès. Grâce à l'heureuse influence de sa mère, et peut-être aussi à un sentiment du bien inné en lui, il avait échappé aux dangers auxquels succombent la plupart des jeunes gens de son âge. Il se distinguait entre tous par la modération de ses goûts, par son éloignement pour les plaisirs du monde.

Souvent Albert accompagnait madame Dableville à la promenade, quand elle y conduisait Eveline et son amie. Parfois aussi, il se trouvait à la maison paternelle dans la société des deux jeunes filles.

Il remarqua les qualités de mademoiselle Valmeire, et surtout ce mélange de raison et de grâce qui se manifestait en elle. Il s'étonnait de lui trouver tant de ressources dans l'esprit, sans que l'élévation de ses pensées enlevât rien à la naïve simplicité de ses manières et de son langage.

Madame Dableville, de son côté, avait apprécié depuis longtemps les vertus de Fanny, et elle souriait à l'idée de la nommer sa fille; nulle ne lui eût semblé plus digne de devenir la compagne d'Albert.

Cependant madame Dableville était frêle et délicate; une maladie de langueur l'entraînait vers la tombe. Elle-même prévoyait que le terme de sa vie n'était point éloigné; aussi pendant les derniers mois de son existence, alors que sa faiblesse toujours croissante semblait indiquer que la vie s'éteignait en elle, la malade dit un jour à son époux :

— Mon ami, je désire depuis longtemps voir se réaliser le mariage de mon fils avec Fanny Valmeire.

Il ne pourrait prendre pour femme une jeune fille plus douce, plus sensée, plus modeste, mieux faite pour le rendre heureux. Monsieur Valmeire, je le sais, ne jouit pas d'une grande aisance ; toutefois, les qualités solides que possède sa fille compensent à mes yeux la richesse qui lui manque. Aussi, si je n'étais plus parmi vous, j'ai la confiance que tu ne t'opposerais pas à cette union dont j'ai déjà parlé à Albert.

M. Dableville ne répondit que par un triste soupir, et se contenta de presser en silence la main de la malade. Toutes ses pensées se concentraient en ce moment sur cette idée d'une mort prochaine que sa compagne venait d'évoquer devant lui, et il ne se sentait pas le courage d'essayer de ranimer en elle un espoir que lui-même avait déjà perdu.

Madame Dableville n'insista point, elle savait que, dans le cours de sa carrière, son mari avait souvent cédé aux suggestions de l'ambition et de l'intérêt, mais elle n'ignorait pas non plus qu'il avait toujours porté à sa famille le plus vif attachement.

Elle comptait donc sur sa tendresse pour Albert, et elle se berçait d'ailleurs de l'espoir que les paroles qu'elle venait de prononcer lui reviendraient plus tard à l'esprit, et seraient sacrées pour lui, puisqu'il y verrait l'expression des dernières volontés de sa compagne.

Fanny, dans sa candide modestie, n'avait pas deviné les projets de la mère d'Albert.

Madame Dableville se chargea de demander à la jeune fille si elle consentirait à devenir pour elle une seconde fille. Déjà elle avait sondé les dispositions de M. Valmeire, et elle ne doutait pas qu'il ne s'empressât de donner son consentement à une union qu'il devait regarder du reste comme très-avantageuse pour sa fille.

Un jour que Fanny se trouvait seule avec elle dans sa chambre, la malade l'attira à ses côtés, et lui prenant la main :

— Mon enfant, lui dit-elle, je veux vous entretenir aujourd'hui de choses graves, importantes, et vous me répondrez, n'est-ce pas? avec une entière franchise. Si mon fils Albert demandait votre main, consentiriez-vous à la lui accorder?

La jeune fille ne répondit pas, tant sa surprise était grande.

— Oui, chère enfant, continua madame Dableville, j'ai lu dans votre cœur; j'y ai trouvé des trésors de vertu, d'innocence, et mon rêve le plus doux est d'unir vos deux existences. J'aurais attendu encore pour vous initier à mes espérances, si je n'avais senti que mes jours sont comptés. Sans doute il me faudra bientôt quitter la terre; voilà pourquoi j'ai voulu vous parler ainsi aujourd'hui, vous donner un baiser de mère, et vous confier le bonheur de mon Albert. J'envisagerais avec calme l'avenir, si j'avais la certitude que mon espoir se réalisera. C'est un fils aimant et respectueux; dites-moi que vous saurez le rendre heureux, et que vous serez une véritable sœur pour ma pauvre Eveline, dont l'étourderie et l'imprévoyance m'alarment si souvent.

Fanny ne put répondre que par ses larmes, car son émotion était vive et profonde.

Elle s'était accoutumée à regarder Albert comme un ami, presque comme un frère; mais jamais elle n'avait pensé qu'il pût devenir son époux.

Elle n'ignorait pas que M. Dableville se trouvait dans une position de fortune bien supérieure à celle de son père, et quoique son existence solitaire lui eût laissé une certaine inexpérience du monde, elle connaissait assez les choses de la vie pour savoir qu'Albert pouvait aspirer à une alliance plus avantageuse.

Mais la joie de Fanny de se voir si hautement appréciée par madame Dableville n'était pas complète. Il s'y mêlait un sentiment d'amère mélancolie, car il y avait quelque chose de douloureux dans la vue de cette pauvre mère qui, près des portes de la tombe, essayait de ranimer ses forces pour la nommer sa fille, pour lui confier en quelque sorte la destinée de ses enfants.

— Madame, répondit-elle enfin en pressant les mains de la malade, tout ce que vous venez de me dire me touche plus que je ne puis vous l'exprimer. Oui, il me sera bien doux de vous donner le nom de mère... Quant à Eveline, quoi qu'il arrive, je promets de l'entourer constamment d'une affection dévouée.

Un pâle rayon de joie éclaira le visage abattu de madame Dableville; elle attacha un regard expressif sur l'aimable jeune fille.

— Je vous crois, lui dit-elle, je vous crois, chère Fanny, et vos paroles me font du bien au cœur. Il me semble que votre voix emprunte quelque chose au murmure des anges; je vous bénis comme la fiancée de mon fils.

Mademoiselle Valmeire s'agenouilla auprès de la malade, sans essayer de retenir les sanglots qui s'échappaient de ses lèvres.

C'était là une de ces scènes graves, solennelles, qui remuent profondément l'âme humaine, et devant lesquelles l'homme le plus froid aurait peine à rester insensible.

Dès ce moment, on eût dit qu'une vie nouvelle s'ouvrait pour mademoiselle Valmeire. Elle se sentait profondément heureuse, car elle appréciait chaque jour davantage la délicatesse, la bonté de son futur époux.

Toutefois, ses pensées n'en devenaient ni plus frivolées, ni plus légères ; il lui semblait ne pouvoir mieux préluder aux nouveaux devoirs qui l'attendaient dans la vie, qu'en accomplissant avec zèle ceux que la Providence lui avait imposés dès ses plus jeunes années.

Les tristes pressentiments de madame Dableville ne tardèrent pas à se réaliser, et bientôt sa place resta vide à ce foyer dont elle était l'âme et la providence.

Le père d'Albert était loin d'avoir la délicatesse, la supériorité d'esprit de sa compagne ; son intelligence, il est vrai, ne manquait pas de profondeur ; mais il avait concentré toutes ses facultés sur le soin de ses intérêts et sur le maniement des affaires.

Madame Dableville avait su prendre sur lui un certain ascendant par sa douceur, et son égalité d'humeur. Il lui avait abandonné volontiers le gouvernement de sa maison et l'éducation de ses enfants. Il jouissait d'une réputation sans tache, et passait généralement pour un homme très-honorable, pour un excellent père de famille.

Il avait en effet la plus vive tendresse pour Albert et Eveline ; mais il est vrai de dire qu'alors même que leur mère ne se fût point occupée de leur culture morale et intellectuelle, il s'en serait assez peu soucié. En revanche, c'était pour eux surtout qu'il se livrait à un labeur assidu, et qu'il imaginait sans cesse de nouvelles combinaisons pour augmenter sa fortune ; car s'il faisait bon marché des précieuses qualités de l'âme, il ne séparait pas dans sa pensée le bonheur de la richesse.

C'était, en un mot, un des fervents adeptes de cette secte si nombreuse à notre époque, qui traite de chimères les accents inspirés de la poésie, les nobles élans de l'esprit et du cœur, qui ne rêve qu'accroissement de bien-être, n'attache du prix qu'aux avantages matériels, et ne voit dans les bouleversements qui agitent et troublent les empires que l'influence qu'ils peuvent avoir sur le cours de la rente et l'accroissement du crédit public.

Un de ses amis d'enfance avait quitté depuis longtemps la Belgique pour aller s'établir à Paris, où il exerçait la profession d'entrepreneur.

Il achetait dans les environs de la capitale des terrains sur lesquels il faisait bâtir tantôt de modestes habitations, tantôt d'élégantes villas qu'il revendait ensuite avec un bénéfice considérable.

Profitant avec habileté des moindres circonstances, il devenait souvent possesseur de beaux domaines que le besoin d'argent de leurs propriétaires faisait passer entre ses mains à un prix bien au-dessous de leur valeur réelle.

M. Duverger, ainsi se nommait-il, avait réalisé de cette manière des richesses considérables qui s'augmentaient d'année en année.

Ebloui par la vue de ses succès, M. Dableville

s'était senti souvent le désir de se rapprocher de lui, de s'associer à ses opérations, et M. Duverger l'y engageait fortement, car il connaissait le savoir-faire de l'architecte et son extrême activité.

Quand M. Dableville fit part de ce projet à sa compagne, celle-ci s'en alarma ; son bon sens lui faisait appréhender des écueils. Elle s'effrayait à l'idée de le voir sur ce nouveau théâtre ; elle craignait de voir se développer encore en lui cette soif de l'or, cette âpreté au gain qu'elle avait souvent déplorée.

Elle mit donc tout en œuvre pour l'en détourner ; elle lui représenta que leur fortune, quoique modeste, pouvait assurer à leurs enfants une position honorable, qu'il serait téméraire, imprudent de renoncer au paisible bonheur dont ils jouissaient, pour aller courir les chances d'entreprises hasardeuses.

M. Dableville ne fut point convaincu ; toutefois, par condescendance pour sa compagne, il parut renoncer à son dessein ; mais en réalité il en avait seulement ajourné l'exécution. Aussi quelques mois après sa mort, il résolut de prendre ses dispositions pour aller rejoindre M. Duverger.

Il fit part de son projet à ses enfants, en leur disant que le désir de leur procurer un avenir brillant pouvait seul le déterminer à accomplir à son âge un pareil changement. Il ajouta qu'il éprouvait du reste le besoin de quitter des lieux dont la vue lui rappelait sans cesse la perte cruelle qu'il venait de faire.

Eveline accueillit les confidences de son père avec un mélange de regret et de plaisir, car si mille liens d'affection et d'habitude l'attachaient à son pays natal, elle se sentait heureuse d'aller habiter la grande ville dont elle avait entendu mille fois vanter les merveilles et les agréments.

Quant à Albert, il éprouva une impression triste et douloureuse, malgré la perspective séduisante que son père offrait à ses regards. Il essaya même de faire quelques objections; mais la décision de M. Dableville était irrévocable.

Le jeune homme eut un moment la pensée de rester seul à Liége, et de s'y livrer à l'exercice de sa profession. Il comprit bientôt qu'il lui fallait renoncer à un pareil projet, car M. Dableville voulait à tout prix l'emmener avec lui.

D'après le caractère de celui-ci, on conçoit facilement qu'il avait blâmé intérieurement les projets de sa femme relativement au mariage de son fils.

Il avait trouvé Fanny aimable, tant qu'il n'avait vu en elle que l'amie d'Eveline; mais il avait rêvé pour Albert un parti superbe, une dot magnifique, et il n'ignorait pas que les ressources de M. Valmeire étaient des plus restreintes.

Toutefois il avait jugé inutile de mettre une opposition formelle à des projets qui ne devaient se réaliser que dans un avenir encore éloigné. Un certain respect pour les volontés de madame Dableville l'en avait d'ailleurs empêché. Il comptait sur le temps et les événements pour rompre le mariage, et cette pensée l'avait peut-être engagé encore à presser son départ pour Paris.

Mademoiselle Valmeire se trouvait un jour avec son père dans l'atelier de celui-ci, quand ils virent venir à eux le jeune Dableville.

— Vous me voyez profondément attristé, leur dit-il, j'ai une nouvelle étrange à vous annoncer. Mon père vient de prendre la résolution de quitter cette ville, pour aller s'établir à Paris.

Rien n'avait pu faire prévoir à Fanny une semblable détermination; aussi en fut-elle douloureusement surprise.

— Hé quoi ! vous partez ? dit M. Valmeire avec un pénible étonnement, car lui aussi partageait la douleur de sa fille.

— Hélas, oui! reprit-il, nous nous éloignons de ce pays pour n'y plus revenir sans doute. Mon père, entraîné par l'exemple d'un de ses amis, veut aller à Paris tenter les chances de la fortune, comme si l'aisance dont nous jouissons ne devait pas suffire à nos désirs, comme si nous ne pouvions pas trouver les moyens d'y déployer notre activité. Une grande distance va donc nous séparer, ajouta-t-il, mais je vous le déclare en présence de monsieur Valmeire, rien ne me fera oublier, mademoiselle, que nos deux destinées sont unies inséparablement. Ma mère elle-même a béni nos fiançailles; plus tard, n'en doutez pas, du haut du ciel où elle se trouve, elle sourira à notre union. Je vais seconder mon père dans ses travaux; j'espère acquérir bientôt une position indépendante; vous pouvez compter sur moi, dans la bonne comme dans la mauvaise fortune.

— Vous êtes un noble cœur, Albert, dit M. Valmeire; vous êtes digne de ma fille. Je serai heureux si un jour je puis mettre sa main dans la vôtre, et vous confier le soin de son avenir.

Malgré sa jeunesse, Fanny avait assez de force d'âme pour commander à ses impressions.

Lorsque le départ d'Albert et d'Eveline eut créé autour d'elle un vide qui se faisait cruellement sentir, elle n'en continuait pas moins à offrir à son père, à sa jeune sœur un visage aimable et serein.

Bientôt un malheur inattendu vint mettre son courage à une terrible épreuve.

M. Valmeire fut atteint tout à coup d'une fièvre violente dont ne purent triompher ni les efforts de la science, ni les soins dévoués de sa fille, et les deux pauvres enfants, déjà une fois orphelines, eurent la douleur de recueillir le dernier soupir de celui qui avait entouré leur jeunesse de tant de soins et d'amour.

II

Le sacrifice.

Le jour où nous avons vu Fanny et Mathilde verser des larmes si amères en songeant à la perte qu'elles venaient de faire, il y avait cinq à six mois environ que la famille Dableville était installée à Paris.

Quelques lettres d'Albert étaient venues prouver à monsieur Valmeire qu'au milieu des distractions qui s'offraient à lui, il n'avait rien perdu de la droiture de ses sentiments, rien oublié de ses engagements.

M. Valmeire avait apporté dans toutes ses relations un extrême désintéressement qu'on pourrait même qualifier d'imprévoyance, et qui le rendait trop souvent la dupe de ceux qui avaient quelque intérêt à démêler avec lui. Dans sa sollicitude pour ses enfants, il s'en voulait parfois à lui-même d'agir ainsi ; mais il n'avait pas la force de lutter contre sa propre nature, et d'ailleurs il croyait encore avoir devant lui de longues années d'efforts et de travail.

Tout l'héritage qu'il avait à léguer à ses filles se composait de son modeste mobilier, de différentes curiosités artistiques, de quelques tableaux encore inachevés et d'une somme à peine suffisante pour leur procurer pendant quelques mois des moyens d'existence.

Un avenir précaire et incertain s'offrait donc aux regards de Fanny; mais au sein de l'infortune, sa confiance dans la divine Providence ne lui fit jamais défaut.

Cependant M. Dableville père avait été informé de la mort de M. Valmeire par un ami officieux, qui lui avait donné en même temps des renseignements sur l'état exact de ses affaires.

Après avoir parcouru la lettre qui renfermait ces détails, il resta longtemps pensif et soucieux.

— Quel malheur, se disait-il, que ma femme ait engagée l'avenir d'Albert! Je le sais, cette jeune fille n'est pas seulement pourvue des agréments extérieurs; elle possède les qualités les plus aimables et les plus rares. On ne trouve point en elle cette futilité, cette vanité, ce désir de briller que l'on rencontre dans la plupart des femmes. Elle a vécu étrangère aux plaisirs mondains; elle a été une fille dévouée, et ferait une mère de famille accomplie; mais elle est pauvre....

Que de choses renfermées dans ce mot!

— Mon fils épouser une fille sans dot! ce serait là une insigne folie que tous mes amis blâmeraient, et qui serait bonne à faire pour un songe-creux, un rêveur, un de ces utopistes qui prêchent bien haut le dédain des richesses. Moi, je suis un homme positif avant tout, et je m'en glorifie, car c'est le seul moyen de se caser avantageusement dans la société. Notre siècle, dit-on, est un siècle d'argent; eh bien! soit, je n'irai pas m'opposer au courant qui m'entraîne, car l'argent est une excellente chose. Albert fera son chemin, il est actif, réfléchi, intelligent. Le savoir-faire lui viendra avec l'habitude du monde; mais comment écarter cette pierre d'achoppement qui l'arrêterait dans son essor? Jusqu'à ce jour, j'ai été pour lui un ami plutôt qu'un maître; me faudra-t-il donc renoncer à ce rôle? faudra-t-il m'armer de mon autorité, et tourner en ressentiment contre moi l'affectueuse confiance de mon fils? Je comptais sur le temps, l'éloignement pour empêcher Albert de réaliser ses projets; mais cette catastrophe va tout précipiter. Il ne me reste qu'à agir avec adresse, avec prudence, et j'espère bien réussir.

Le jeune Dableville avait l'âme entièrement neuve; il connaissait peu les choses du monde; il s'était jusque là abandonné avec une entière spontanéité à tous les élans de sa nature droite et confiante.

Quand il apprit la mort de M. Valmeire, il se figura la jeune fille seule, éplorée, accablée sous le poids de la peine, et cette image l'affecta douloureusement. Il se rendit donc aussitôt auprès de M. Dableville.

— Mon père, lui dit-il, je vais écrire sur-le-champ à mademoiselle Valmeire ; je sais qu'aucune parole ne peut consoler de la perte d'un père, mais je veux qu'elle sache que je prends la part la plus vive à ses chagrins... Que dis-je? continua-t-il ; écrire, ce n'est point assez. Je veux aller vers elle, et lui exprimer combien je suis sensible à son malheur; ne puis-je partir aujourd'hui même?

M. Dableville fut alarmé.

— Mon ami, lui dit-il, ta présence auprès de cette jeune fille blesserait les convenances; mais je dois aller bientôt en Belgique, pour régler quelques affaires. Je la verrai moi-même; je lui parlerai, et tu peux te rapporter à moi du soin d'assurer ton bonheur.

— Merci, dit le jeune homme en pressant la main de M. Dableville, je me rends à la justesse de votre observation; mais vous comprenez, n'est-ce pas, que notre mariage ne doit plus être différé. La position nouvelle que fait à Fanny la mort de son père ne peut pas se prolonger longtemps, et c'est pour moi une pensée amère que celle de l'isolement dans lequel elle est plongée, et qui doit être cruel pour une âme sensible comme la sienne.

— Albert, dit M. Dableville d'un air grave et sérieux ; je vais te parler aujourd'hui comme à un homme raisonnable pour qui commence l'apprentissage de la vie. Je suis satisfait de tes efforts, de ton aptitude au travail ; tu me secondes avec un zèle digne d'éloges, et qui me fait augurer favorablement de ton avenir. Depuis que je suis à Paris, mes espérances de succès se sont fortifiées de jour en jour. M. Duverger ne m'avait pas trompé ; je suis convaincu que mes capitaux engagés dans nos communes entreprises me rapporteront un bénéfice considérable ; mon désir eût été de te voir contracter un mariage avantageux. Je suis persuadé que dans peu de temps d'ici il se trouverait plus d'une héritière opulente qui accepterait ta main avec empressement. Alors, avec la dot de ta femme, libre à toi d'opérer sur une grande échelle, de parvenir rapidement à une position des plus brillantes. Epouser mademoiselle Valmeire qui ne possède rien, ce serait donc accomplir un immense sacrifice, et il serait temps encore de modifier tes projets à son égard....

— Y pensez-vous ? mon père ! s'écria Albert avec feu. Si les lois humaines n'ont pas encore ratifié le lien qui nous unit l'un à l'autre, elle est ma fiancée devant Dieu ; elle est digne de tout mon respect, et parce que le malheur l'accable, j'irais, moi, l'abandonner. Ah ! ce serait une insigne lâcheté.

— Albert ! reprit M. Dableville, tu ne connais

pas la vie, tu ressembles trop à ta pauvre mère; un jour viendra où tu apprécieras à leur véritable valeur les choses de ce monde. Ces engagements que tu regardes comme sacrés ne sont que des enfantillages, et tu veux sacrifier pour une chimère des avantages réels.

— O mon père!...

— Tu ne comprends pas encore la puissance de l'or, s'écria M. Dableville; la richesse donne seule la faculté de multiplier, de varier les jouissances; elle ouvre de magnifiques horizons à l'ambition la plus vaste. C'est une force à laquelle rien ne résiste; elle procure plaisirs, honneurs, considération. Un savant resté pauvre en créant d'admirables systèmes, un poète encore ignoré qui, dans sa mansarde, se livre à des élans sublimes d'imagination, un écrivain dont la pensée flotte dans les régions les plus élevées, ont peine à se faire jour à travers la foule, tandis qu'elle s'ouvre avec empressement devant l'homme opulent, quelque vulgaire qu'il soit. Elle encense, elle acclame celui-ci; elle n'a pour ceux-là qu'une insultante pitié. Les niais, les sots, se dit-elle, ils ont pris le rêve pour la réalité. Chose triste à dire! on dédaigne l'honnête homme sans fortune, on accueille, on entoure le fripon enrichi. Loin de moi la pensée de justifier à tes yeux l'improbité, l'indélicatesse, mais il faut bien le reconnaître, l'or est le dieu de notre société, et un jour viendra où toi aussi tu sacrifieras à son culte.

Albert écoutait son père avec étonnement; mais ses paroles ne trouvaient point accès dans son esprit.

M. Dableville entrevit ce qui se passait en lui ; il comprit qu'il essaierait en vain de lui faire partager ses idées, et que la transformation qu'il voulait opérer en lui ne pouvait être que l'œuvre du temps. Il jugea donc prudent de ne point insister davantage, et d'adopter sur-le-champ un autre langage.

— Eh bien, soit ! lui dit-il, puisque tu le veux, je ne m'opposerai point à tes desseins. Je t'ai fait entendre des conseils dictés par la raison et l'expérience, mais si tu persistes à le désirer, je n'en remplirai pas moins auprès de mademoiselle Valmeire la mission que je t'ai promis d'accomplir.

Le jeune homme remercia son père avec effusion, et bientôt après il s'éloigna confiant dans ses promesses.

Albert se hâta d'écrire à sa fiancée une lettre dans laquelle il lui peignait la part qu'il prenait à sa douleur, le regret qu'il éprouvait de n'avoir point été auprès d'elle dans un semblable moment. Il lui annonçait aussi la prochaine visite de M. Dableville, mais sans rien dire qui pût lui faire soupçonner la résistance que celui-ci avait essayé d'apporter à leur union.

Fanny fut profondément touchée des protestations d'Albert ; elle comprenait de quelle noblesse d'âme, de quel désintéressement il faisait preuve

Elle attendait avec impatience l'arrivée de M. Dableville ; mais quelques jours plus tard, quand elle le vit paraître, elle éprouva une vague appréhension, car sa physionomie était plus sérieuse que de coutume, son attitude contrainte, et ce fut avec une froide politesse qu'il aborda mademoiselle Valmeire.

Il se renferma d'abord dans des généralités, adressa à la jeune fille quelques paroles banales de condoléance sur la mort de son père ; puis arrivant au but de sa visite :

— Mademoiselle, lui dit-il, nous n'avons pas oublié un projet formé dans des temps plus heureux pour vous ; mais j'ai à traiter un point délicat que je vais aborder sans détour. Je sais que malheureusement monsieur Valmeire ne vous a laissé aucune succession à recueillir. Or, vous n'êtes pas seule, vous avez une sœur encore enfant, et qui par conséquent est incapable de pourvoir à ses moyens d'existence. Il se trouve sans doute quelque membre de votre famille à qui vous pourrez la confier, car vous n'avez probablement pas la pensée d'imposer cette charge à votre mari ; vous devez sentir que mon fils accomplit déjà un sacrifice en renonçant, à cause de vous, aux partis avantageux qu'il lui serait facile de rencontrer.

A ces mots, Fanny pâlit, et elle sentit un frisson glacé parcourir ses membres. Jamais elle n'avait entendu parler des parents de sa mère ; quant à son père, elle ne lui connaissait d'autre famille qu'une cousine nommée madame Lindenau, qui habitait l'Alsace. Elle. avait souvent entendu porter sur elle par M. Valmeire le jugement le plus défavorable. Il la représentait comme une femme vaine, égoïste, sans portée dans l'esprit, disposée à se prêter aux moindres caprices de sa fille unique. Fanny ne doutait pas que si cette dame consentait à accorder sa protection à Mathilde, ce ne fût pour faire de la petite orpheline la complaisante, l'esclave soumise de son enfant. Elle avait cru naïvement que Mathilde trouverait une place à son nouveau foyer, que, devenue la femme d'Albert, elle pourrait encore lui servir de mère, et accomplir à la fois ses devoirs de sœur et d'épouse.

Il est parfois dans la vie des heures solennelles où les idées mûrissent soudainement, et où s'opère en un instant une transformation que les années sont souvent impuissantes à produire. Ainsi en était-il pour Fanny.

En entendant M. Dableville, la lumière jaillit aussitôt dans son esprit, et la vérité lui apparut dans toute sa poignante amertume. Elle entrevit sur-le-champ toutes les conséquences d'une union dispro-portionnée, dans laquelle elle n'apporterait à son époux aucun des avantages de fortune qu'il avait le droit d'attendre. Elle sentit qu'il lui fallait aban-donner sa sœur ou renoncer à ses projets d'avenir, et dans un noble élan elle se dit que le moment des résolutions fortes et courageuses était venu pour elle ; aussi levant son regard vers M. Dableville :

— Monsieur, lui dit-elle d'une voix assurée, j'ai promis à mon père mourant d'être une mère pour Mathilde, et de ne jamais me séparer d'elle ; c'est là une obligation que je veux à tout prix accomplir. Dites, je vous prie, à votre fils, que la persévérance de son attachement me touche profondément, dites-lui que dans d'autres circonstances j'aurais été mille fois heureuse de devenir sa compagne, mais que des devoirs sérieux me forcent de refuser sa main.

M. Dableville triomphait ; il avait calculé d'avance l'effet de ses paroles ; il était sûr de l'impression qu'elles produiraient sur mademoiselle Valmeire. Il n'eût point réussi avec une jeune fille d'une nature vul-gaire, qui n'eût vu dans le mariage qu'un port assuré contre les tourmentes et les incertitudes de l'avenir ; mais il connaissait assez la délicatesse de Fanny pour être certain d'avoir frappé juste. Il savait que le langage qu'elle venait de lui tenir n'était point un vain étalage de générosité ; il comprenait qu'il venait d'élever entre Albert et elle une barrière que les nobles sentiments de la jeune fille l'empêcheraient à jamais de franchir.

Toutefois il affecta de faire quelques efforts pour ébranler sa résolution.

— Mademoiselle, lui dit-il, je ne puis croire que vous ne reveniez pas à d'autres idées, et que vous persistiez à repousser les avantages que vous procurerait une union avec mon fils ; c'est là, à mon avis, une chose fort simple que d'accepter pour votre sœur un asile chez une personne de votre famille, et vous vous exagérez vos obligations à son égard. Du reste, j'ai à régler à Liége des affaires qui réclament ma présence pendant quelques jours ; avant de partir, je reviendrai vous voir, et j'espère vous trouver dans d'autres dispositions.

En disant ces mots, il se leva pour s'éloigner.

Fanny laissa tomber avec accablement sa tête dans ses mains, et resta longtemps immobile, plongée dans un abîme de réflexions douloureuses.

— Ah ! se disait-elle, si j'implorais de madame Lindenau qu'elle consentît à se charger de Mathilde, elle ne se refuserait pas sans doute ; mais que deviendrait la pauvre enfant ? elle grandirait sans direction morale, son âme s'étiolerait dans cette atmosphère de froideur, d'indifférence qui l'envelopperait, et le plus triste avenir se préparerait pour elle. Non, non, je ne puis prendre l'engagement de l'abandonner, et puis je suis pauvre.... Albert est riche ; le monde le blâmerait, son père ne le verrait qu'avec répugnance s'unir à moi ; peut-être regretterait-il bientôt lui-même d'avoir associé sa destinée à la mienne ?... Je dis adieu à mes rêves d'avenir ; j'aurai ainsi tout sa-crifié à mon devoir, et du moins je ne sentirai pas la voix du remords s'élever dans mon cœur.

Fanny s'agenouilla alors devant son crucifix, cette image sublime de la douleur dont la vue seule en-seigne au chrétien à supporter la souffrance. Elle pria longtemps en silence le Dieu qui lit au fond des âmes et couronne la vertu humble et patiente. Quand elle se releva, elle était affermie plus encore dans sa résolution.

Il lui restait cependant une nouvelle épreuve à subir, c'était la visite annoncée par M. Dableville ; quelques jours plus tard, il se présenta, comme il l'avait promis, chez les deux orphelines.

Fanny portait la trace des vives agitations qu'elle avait éprouvées ; ses joues étaient pâlies, ses traits altérés ; mais elle n'avait rien perdu de son éner-gique fermeté.

— Eh bien ! mademoiselle, dit M. Dableville, je vais bientôt me retrouver auprès d'Albert ; que lui dirai-je ?

— Je vous l'ai dit déjà, monsieur, reprit la jeune fille avec douceur, et mes idées n'ont subi aucune transformation depuis que j'ai eu le plaisir de vous voir.

— Vous vous obstinez donc à ne pas vouloir vous séparer de votre jeune sœur?

— Oui, monsieur, car je ne puis la confier à des mains étrangères. Vous avez connu mon père ; vous savez quel tendre attachement il portait à ses enfants, eh bien ! quand il sentit les approches de la mort, il m'appela auprès de lui, et, pressant ma main dans sa main glacée : « Fanny, me dit-il, promets-moi d'être une mère pour ta sœur, et de ne jamais la séparer de toi. » Je fis ce qu'il me demandait ; je le fis non-seulement des lèvres, mais du plus profond du cœur ; alors, il attacha sur moi un regard empreint d'une telle reconnaissance que je ne l'oublierai jamais. De semblables promesses faites dans un pareil moment méritent bien qu'on leur immole ses affections les plus chères. Vous avez deux enfants que vous confondez dans votre affection, que diriez-vous, monsieur, si la mort vous enlevait à eux, et qu'alors Albert repoussât Eveline loin de lui et lui refusât son appui? En présence d'un pareil spectacle, vous souhaiteriez, n'est-ce pas? qu'il pût vous être donné de revenir sur la terre pour le maudire. Si je délaissais ma pauvre petite Mathilde, il me semblerait entendre la voix de mon père, douloureuse, indignée, et cette voix troublerait toutes mes joies.

Tandis qu'elle parlait ainsi, des sanglots oppressaient la poitrine de Fanny, et une émotion profonde, empreinte sur tous ses traits, rendait sa physionomie plus touchante encore.

Un moment M. Dableville se sentit attendri ; il fut sur le point de s'élancer vers elle, de lui tendre la main, et de lui dire : « Soyez ma fille, ma fille bien-aimée, la compagne chérie d'Albert, et amenez sous son toit votre jeune sœur. Si vous n'apportez pas à mon fils des trésors, au moins par vous son âme s'élèvera, et, après le labeur de chaque jour, il trouvera au foyer des instants doux et charmants. »

Ce ne fut là qu'un éclair ; bientôt M. Dableville étouffa ce mouvement de sensibilité, et il se retrouva semblable à lui-même, impassible, égoïste et froid calculateur.

Il se contenta de répondre par quelques phrases banales ; puis il se hâta de se retirer, pour mettre fin à l'entretien.

En s'éloignant il se disait à lui-même :

— Il ne faut pas que mon fils la voie, car tout serait perdu. Elle est sincère, elle agit, je le sais, sans détour, sans artifice ; j'ai failli sacrifier les intérêts d'Albert, moi qui me croyais inaccessible à de semblables émotions.

Le jeune Dableville croyait son père rallié de bonne foi à ses vues à l'égard de Fanny; il attendait son arrivée avec un mélange de confiance et d'anxiété; pour lui, tout avait disparu devant cette pensée, qui était devenue sa constante préoccupation.

Dès que celui-ci fut de retour, aussitôt qu'Albert put s'entretenir avec lui :

— Eh bien! mon père, lui dit-il, avez-vous vu mademoiselle Valmeire? dans quelle disposition d'esprit l'avez-vous trouvée?

— Je l'ai vue, reprit sérieusement M. Dableville, j'ai eu plusieurs entrevues avec elle, et je dois te dire qu'elle refuse de donner suite à vos projets d'union.

— Elle refuse!... dit le jeune homme avec surprise.

— Oui, mon ami; des scrupules exagérés l'arrêtent; elle veut se consacrer tout à fait à sa jeune sœur.

— Ne lui avez-vous pas dit, mon père, que Mathilde trouvera en moi un frère, un protecteur, que notre maison deviendra la sienne?

— Albert, la chaleur de tes sentiments t'égare, t'emporte au-delà des limites du juste, du raisonnable. Je me suis décidé à donner mon consentement à ton mariage avec Fanny, malgré son manque de fortune; mais je ne pouvais promettre que tu adopterais une enfant dont l'éducation, l'établissement exigeront encore des sacrifices considérables, et dont la présence dans ta demeure deviendrait sans doute pour toi une source de contrariétés et d'embarras. Il me semblait plus juste que cette enfant cherchât un asile chez quelque membre de sa famille.

— Et Fanny s'y refuse, n'est-ce pas? elle craint que la pauvre petite n'y soit pas heureuse; je reconnais là son excellent cœur. O mon père! qu'avez-vous fait? mais il est temps encore de tout réparer. Laissez-moi lui dire qu'elle peut tout concilier, et devenir ma compagne sans pour cela se séparer de Mathilde.

— Ne prends pas un semblable engagement, dit avec gravité M. Dableville, tu ne tarderais pas à t'en repentir. D'ailleurs, je te le déclare, je ne donnerai mon consentement à votre mariage que si mademoiselle Valmeire se décide à faire ce que j'exige d'elle.

— Mon père, reprit douloureusement le jeune homme, je ne puis croire que votre bon cœur ne modifie bientôt vos idées à cet égard; songez-y, vous repoussez Fanny, parce qu'elle veut faire un acte de vertu qui devrait la grandir encore dans votre estime, et vous inspirer un plus vif désir de la nommer votre fille.

— Ce sont là des phrases sonores; mais il faut voir le côté positif des choses. Toutefois, ton union avec mademoiselle Valmeire n'est sans doute qu'ajournée. Le temps, je n'en doute pas, modifiera ses dispositions actuelles. et l'amènera à entrer dans mes vues ; comme je lui reconnais un mérite réel, je fermerai alors les yeux sur la différence de fortune qui existe entre vous.

Ces dernières paroles calmèrent un peu Albert, et il résolut d'écrire sur-le-champ à l'orpheline, pour lui donner l'assurance que ses sentiments étaient toujours les mêmes.

« Mademoiselle, lui disait-il, depuis le retour de mon père, je me sens bien triste et bien malheureux ; mais je ne puis croire cependant que nous soyons séparés pour toujours. Vous voulez, m'a-t-il dit, vous consacrer tout entière à votre jeune sœur ; c'est là un noble et beau dévouement ; mais pourquoi faut-il qu'il devienne un obstacle à notre union ?

» Si j'étais le seul arbitre de mes actes, je volerais en ce moment vers vous, et je saurais bien vous fléchir. Je vous dirais : « Mathilde trouvera en moi un frère, un ami ; nous serons à deux pour la protéger, pour remplacer les parents qu'elle a perdus, je vous promets d'aimer cette enfant qui vous est unie par les liens du sang ! »

» Je ne sais à quelle impulsion mon père a obéi, en vous parlant de la nécessité d'éloigner de vous Mathilde ; il a toujours été tendre et bon pour moi ; il m'en coûte de blâmer sa conduite ; mais l'avenir

nous appartient. Je vous en conjure, cédez en apparence à ses volontés, puis notre union s'accomplira,
et alors libre à vous de réaliser à l'égård de votre
jeune sœur vos intentions généreuses, que je secon-
derai de tout mon pouvoir. Cette prière, je vous
l'adresse au nom de ma mère qui vous regardait
comme sa fille, et qui, dans les derniers moments de
son existence, associait encore votre nom au mien
dans les recommandations suprêmes qu'elle m'adres-
sait. »

En recevant cette lettre, Fanny avait aussitôt re-
connu l'écriture d'Albert. Sans l'ouvrir, elle alla
prendre conseil d'un respectable ecclésiastique, son
confesseur, le priant de lire ce que lui écrivait son
fiancé et implorant ses conseils.

Ce fut avec un attendrissement profond que Fanny
entendit cette lecture ; elle était forte et énergique en
face des incertitudes de l'avenir, en présence des
luttes que lui donnerait à soutenir son isolement
dans la vie ; mais elle sentait son courage l'abandonner à la pensée de briser un noble cœur qui lui
était si dévoué. Le vénérable prêtre eut quelque
peine à ramener le calme dans l'âme de la jeune fille.
La lutte toutefois ne fut pas longue, et bientôt mademoiselle Valmeire se mit en devoir d'écrire à Albert,
sous les yeux mêmes de son directeur, une lettre qui
devait mettre un terme à ses propres hésitations.

« Monsieur, lui disait-elle, j'ai été touchée plus que je ne puis vous l'exprimer des sentiments nobles et délicats que vous me manifestez. Je vous retrouve tel que je vous ai toujours connu. Mais maintenant les projets de madame votre mère ne doivent plus être pour vous et pour moi qu'un souvenir. Les heures de solitude portent conseil : j'ai compris qu'il serait peu généreux à moi, pauvre fille sans fortune, de profiter de votre désintéressement pour accepter le sacrifice que vous voulez me faire ; et d'ailleurs, je ne serais pas en paix avec moi-même, si je prenais l'engagement que demande de moi monsieur Dableville.

» J'ai, il est vrai, une confiance absolue en votre loyauté ; mais vous êtes soumis à des influences étrangères, et du reste, pour rien au monde, je ne voudrais être une cause de discorde entre votre père et vous. Respectez donc sa volonté, et oubliez des projets que les circonstances ont rendus irréalisables. Croyez-moi, cherchez le bonheur dans une union mieux assortie sous le rapport de la fortune, et qui répondra ainsi aux vues de monsieur Dableville.

» Quant à moi, mes vœux vous accompagneront pendant tout le cours de votre existence, et, quoique nous devions être désormais étrangers l'un à l'autre, je n'en supplierai pas moins le Ciel de vous bénir.

» Vous invoquez le nom de votre mère, monsieur

Albert, son souvenir sera toujours sacré pour moi; mais je suis persuadée que, si elle se trouvait en ce moment à mes côtés, elle approuverait ma conduite, et me supplierait de ne pas troubler l'harmonie qui doit exister entre un père et son fils. Il me reste un désir à vous exprimer : c'est de vous conjurer de ne pas faire de nouvelles tentatives afin d'ébranler ma résolution ; elles seraient vaines et ne pourraient que me causer d'inutiles tourments que je vous supplie de m'épargner. »

Le pieux et sage ecclésiastique ne put qu'approuver une lettre si digne, et, en rentrant chez elle, Fanny ressentait déjà cette douceur que l'on goûte intérieurement après avoir accompli une bonne action. Elle s'assit et se mit au travail. Tout à coup, elle sentit deux petits bras s'enrouler autour de son cou, puis une joue fraîche se placer sur la sienne. C'était Mathilde qui revenait de la classe.

Fanny la serra sur son cœur, avec plus d'affection encore que de coutume.

— Pauvre petite, murmura-t-elle, tu ignoreras toujours le sacrifice que j'accomplis pour toi ; mais tu ne grandiras pas sous un toit étranger, tu trouveras en moi l'affection d'une mère, et plus tard tu seras ma joie et ma consolation.

Mathilde ne comprenait pas la cause de la nouvelle douleur qui accablait sa sœur ; mais en voyant couler ses larmes, elle redoubla ses caresses, lui adressa quelques paroles d'amitié, et telle est la puissance de cette grâce naïve de l'enfance que Fanny sentit peu à peu un baume rafraîchissant pénétrer dans son âme.

D'autres idées, toutefois, ne tardèrent pas à venir distraire la jeune fille de ses regrets et même des plus doux souvenirs de son enfance ; une impérieuse nécessité devait bientôt ramener toutes ses idées vers les choses de la vie réelle, car il fallait pourvoir à son avenir et à celui de Mathilde.

Monsieur Varnier, le propriétaire de la maison qu'elle habitait, avait été l'ami de monsieur Valmeire. Sa femme et lui portaient le plus vif intérêt aux jeunes orphelines ; toutefois ils ne pouvaient guère leur accorder qu'un appui moral, qui ne leur en était pas moins très-précieux. L'un et l'autre jouissaient d'une grande considération, et leur présence sous le même toit que les deux sœurs était de nature à remédier à ce qu'aurait pu avoir d'étrange aux yeux du monde la situation de deux jeunes filles abandonnées à elles-mêmes dans un âge aussi tendre. Monsieur et madame Varnier pouvaient aussi éclairer Fanny des conseils que leur dictait l'expérience ; elle s'empressa donc de leur communiquer son plan qu'ils approuvèrent complétement.

Grâce aux leçons de son père et à un travail assidu,

elle maniait les crayons et les pinceaux avec une grande habileté ; elle n'avait certes pas la pensée de poursuivre la gloire, de se faire un nom dans la peinture, quoiqu'elle possédât pourtant à un haut degré le sentiment du beau, et qu'elle eût dans l'âme cette flamme douce et pure dont le rayonnement éclaire et fait resplendir les œuvres de l'artiste. Elle n'ignorait point combien la route du succès est lente et difficile à gravir, pour une jeune fille sans fortune et sans appui ; aussi, elle se proposait seulement de tirer parti de son talent en donnant des leçons de dessin et de peinture.

Mademoiselle Valmeire trouva sur-le-champ quelques élèves, et fut même admise à enseigner son art dans un pensionnat où sa modestie, sa réserve parfaite firent excuser sa jeunesse. Bientôt elle eut la certitude qu'elle pourrait ainsi fournir aux nécessités de la vie matérielle, et elle se promit de s'avancer avec énergie sur cette voie nouvelle, différente il est vrai de celle qu'elle avait rêvée, mais où il devait lui être donné de goûter une satisfaction d'un ordre élevé dans la pensée même du généreux sacrifice qu'elle accomplissait.

III

Une Transformation.

Le travail est à coup sûr un immense bienfait pour la société ; sans parler de son influence moralisatrice, n'est-ce pas le travail seul qui peut remplir dignement la vie et abréger la durée du temps? Celui qui s'y adonne avec ardeur ne connaît point ces longues heures d'ennui dont l'homme oisif a peine à supporter le poids ; mais c'est le travail intellectuel surtout qui procure des jouissances douces et profondes.

Il agrandit l'horizon de la pensée, il répond aux plus nobles instincts de l'âme, il peuple la solitude pour celui qui s'y livre, et l'enlève, pour quelque temps du moins, aux préoccupations vulgaires de l'existence. Les mille bruits du monde extérieur ne s'apaisent-ils pas un moment pour le poète dont l'imagination s'égare dans les régions sublimes de l'idéal, pour l'artiste qui fait jaillir de son instrument des soupirs ou des chants de triomphe, pour le penseur qui médite sur les destinées de l'humanité, pour le peintre enfin qui crée sur la toile de saisissantes images? Ce sentiment, Fanny l'éprouvait souvent, quand, après les soins donnés à ses élèves, elle se retrouvait dans son modeste atelier, quand elle se plaisait à concevoir le sujet d'un tableau, à tracer les contours qui devaient donner aux créations de son imagination le mouvement et la vie.

Il y avait alors pour elle des moments d'ineffable douceur. Comme un nautonnier naviguant le long de côtes arides et désertes qui voit surgir tout à coup à ses yeux un îlot embaumé du parfum des arbustes et des fleurs, ainsi sa pensée se détachait des tristesses de la vie pour s'élancer vers des rives enchantées; mais ce n'étaient là que des instants passagers, et bientôt les flots amers de la mélancolie revenaient oppresser et abattre son âme.

Un jour, elle vit arriver une lettre d'Éveline dont l'aspect la fit tressaillir.

La jeune fille commençait par lui donner quelques détails sur son nouveau genre de vie; elle lui parlait de Paris, des monuments qu'elle avait visités, du charme que le séjour de cette ville avait pour elle.

« Pourtant, ajoutait mademoiselle Dableville, je suis loin d'être aussi heureuse qu'autrefois : mon pauvre frère est malheureux! Ah! si mon père était comme lui, je suis persuadée que les obstacles s'aplaniraient bien vite. Je déplore vivement qu'il ait là-dessus d'autres idées; il est très-bon pourtant, et c'est assurément un tendre père ; mais que veux-tu, ma bonne Fanny? les parents raisonnent, calculent et chérissent tant leurs enfants qu'ils prennent pour eux des précautions parfois exagérées.

» Il est résulté de tout cela des froissements qui attristent notre intérieur et que tu pourrais faire cesser en te prêtant de bonne grâce à ce que demande notre père. Alors la concorde reviendrait dans notre famille, et avec elle la gaîté, l'abandon d'autrefois. Fasse le ciel que ce moment ne soit point éloigné ! Je n'ai pas besoin de te dire que je serais bien heureuse de te voir devenir ma sœur ; si cet espoir ne peut se réaliser, tu seras du moins toujours mon amie la plus chère.

» Albert ne t'écrit point, parce que tu le lui **as** défendu, et d'ailleurs il est trop découragé pour pouvoir le faire ; il me charge de te transmettre l'expression de ses sentiments respectueux. »

Fanny souffrait, mais les paroles que lui avait adressées monsieur Dableville se représentaient à son esprit ; la voix de sa conscience lui retraçait ce qu'exigeaient d'elle le devoir, la délicatesse, son respect pour les dernières volontés de son père ; elle se promettait de renfermer en elle-même sa douleur et de rester fidèle à la ligne de conduite qu'elle s'était tracée.

Aussi lorsque mademoiselle Valmeire répondit à

Éveline quelques jours plus tard, elle la remerciait
dans des termes touchants de son affectueux intérêt;
elle lui faisait le tableau de son existence modeste,
laborieuse, et lui montrait qu'elle était de plus en
plus affermie dans sa détermination.

Ainsi l'œuvre de monsieur Dableville était en
partie accomplie; sans s'aliéner complétement le
cœur de son fils, il était parvenu à empêcher une
union que le manque de fortune de Fanny lui faisait
appréhender. Toutefois, il n'était pas satisfait encore.

Jusque-là, monsieur Dableville s'était applaudi
des mœurs pures de son fils; il avait vu avec
plaisir sa conduite sage et prudente, mais en ce
moment il n'eût certainement pas cherché à l'arrêter,
s'il l'avait vu courir de plaisir en plaisir. Mais les
spectacles les plus brillants n'avaient point d'attrait
pour Albert : tandis que les décors splendides
éblouissaient ses regards, tandis que les sons de la
musique le berçaient mollement, sa pensée restait
fidèle aux recommandations de sa pieuse mère.

Albert n'avait point d'amis, car ses idées avaient
plus de maturité que n'en ont d'ordinaire celles des
jeunes gens de son âge; aussi leur société n'aurait
eu guère de charmes pour lui. D'ailleurs il était d'un
caractère peu expansif et donnait difficilement sa
confiance; aussi Éveline possédait à elle seule le
secret de son cœur. Mais la jeune fille était si légère,

si peu sérieuse qu'il ne trouvait point en elle quelqu'un qui put le comprendre.

Il se réfugiait dans la solitude, caressant en silence
les souvenirs du passé, et c'était surtout dans le
travail qu'il cherchait une distraction à l'ennui qui
le dévorait. Bientôt il s'y livra avec ardeur, pour
écarter les pensées importunes qui envahissaient son
esprit.

Monsieur Dableville, charmé de son zèle, l'initia
de plus en plus au secret de toutes ses opérations.
Albert fut étonné lui-même des résultats obtenus ;
dès lors il suivit avec un vif intérêt toutes les combinaisons financières de monsieur Dableville, il admira
la puissance de la spéculation qui fait rapidement
grossir, fructifier les capitaux, il en vint à comprendre
la joie délirante du financier qui entasse de l'or sur
de l'or.

Ce penchant nouveau qui naissait en lui, ne pouvait manquer de faire des progrès rapides, grâce à
l'atmosphère qui l'environnait. En effet, dans l'intérêt
de son crédit, monsieur Dableville avait noué de
nombreuses relations ; il s'entourait d'ordinaire de
capitalistes, d'entrepreneurs, de négociants rompus
aux affaires ; il les invitait fréquemment à sa table,
et la conversation roulait alors sur le cours de la
bourse, sur la hausse de telle ou telle marchandise,
sur le succès des opérations tentées par eux. On

entendait se croiser, s'entrechoquer ces mots inintel-
ligibles pour le commun des mortels, et dont se
trouve hérissé le vocabulaire des hommes d'affaires.

Albert les écoutait avidement, mais sans se rendre
d'abord un compte exact de leurs discours; il se mit
alors à étudier avec ténacité toutes les questions
financières; son intelligence pénétrante le servit à
merveille, et bientôt il étonna les commensaux de
son père par la profondeur de ses vues, par la saga-
cité avec laquelle il élucidait les questions les plus
embarrassantes. Tous affirmèrent qu'avec une semblable aptitude il ne pouvait manquer de devenir un
financier consommé et de se frayer un chemin dans
le monde.

Dans leur culte pour les choses matérielles, ils
dédaignaient toutes les autres professions pour exal-
ter bien haut le spéculateur, le manieur d'argent qui
emplit ses coffres-forts, tandis que tant d'autres, riches
de talent et d'intelligence, s'épuisent en vains efforts
pour arriver au succès, et ne peuvent que ramasser
les miettes du festin auxquels ils occupent, eux, la
place d'honneur.

Leurs discours enivrèrent Albert : lui jusque-là si
simple, si modeste dans ses goûts, il en vint bientôt
à prendre sa part de cette royauté éphémère acquise
souvent au prix de l'injustice, mais qui n'en brille
pas moins aux yeux du monde d'un radieux éclat.

Dès lors monsieur Dableville comprit que sa cause était gagnée, et, en effet, Albert se modifia rapidement. Il appliqua à de froids calculs toutes les facultés de son esprit, et bientôt il se mit à marcher à la conquête de la fortune avec ténacité, avec persévérance, avec passion, comme le général qui court après sa première victoire, comme l'écrivain et l'artiste poursuivent de leurs ardents efforts la gloire et les applaudissements du public.

Quand paraît le crépuscule, il revêt peu à peu d'une teinte sombre et uniforme les bois touffus, les collines verdoyantes, les rivières aux flots d'argent, aux rives fleuries qui, durant le jour, charmaient les regards du voyageur. Ainsi un voile s'étendait dans le cœur d'Albert sur les souvenirs de sa jeunesse; peu à peu la mémoire des paroles maternelles s'effaça de son esprit, peu à peu il en vint à oublier combien il avait senti autrefois de douceur à se montrer généreux, compatissant et bon.

La plante la plus fraîche se flétrit sous l'action d'un vent brûlant; ainsi son âme se dessécha bientôt sous l'influence de cette tendance nouvelle qu'il donnait à ses idées. Un jour vint où certes il eût renversé sans pitié quiconque lui eût fait obstacle. Il était en proie à une sorte de fascination qui l'empêchait d'apprécier à sa juste valeur le but qu'il donnait à sa vie. Peut-être le recueillemnent et la réflexion l'eussent-ils rendu à sa droiture primitive ? mais le fracas, les bruits du monde qui s'agitaient autour de lui ne lui permettaient pas d'entendre cette voix grave et mystérieuse de la conscience qui ne parle au cœur que dans le silence et la solitude.

C'en était fait, l'ambition avait allumé en lui sa flamme dévorante ; il s'avançait sur cette route nouvelle sans hésitation, sans arrière-pensée, et le succès qui couronnait les entreprises de son père, l'engageant à en tenter d'autres, donnait un aliment à sa fiévreuse activité.

Tandis que monsieur Dableville et Albert poursuivaient la réalisation de leurs rêves de fortune, Éveline, étrangère à toutes leurs préoccupations, menait une existence oisive, inutile, remplie par les passe-temps les plus frivoles.

Son père s'inquiétait peu de lui voir conserver la simplicité de ses quinze ans ; il ne lui demandait que d'être gaie, aimable, de le délasser, après les fatigues de ses travaux, par des prévenances, des caresses, de joyeux refrains. Or, Éveline s'y prêtait à merveille, car elle se sentait naïvement heureuse de vivre, de pouvoir s'abandonner à ses goûts, elle qui aimait par-dessus tout les fêtes, les bals, les fraîches parures, la société des compagnes de son âge.

Du reste, sa futilité se manifestait dans les moindres

choses, dans l'arrangement de son joli boudoir comme dans l'emploi de son temps. Pas une idée sérieuse ne trouvait accès dans son esprit, pas une impression ne laissait de traces durables dans son âme. Elle ne songeait qu'aux plaisirs de la veille, à ceux du lendemain ; aussi, dès qu'Albert ne lui parla plus de Fanny, elle cessa bientôt de songer à elle.

Le souvenir du pays natal s'effaça complétement de son esprit, et le nom de mademoiselle Valmeire ne retentit plus dans la demeure de monsieur Dableville ; il était enseveli dans le plus profond oubli.

IV

Deux Mariages.

Quoique le père d'Éveline ne vît en elle qu'une enfant charmante et ne trouvât point mauvais qu'elle ne songeât tout le long du jour qu'à des chiffons et à des bagatelles, il pensait sérieusement à son établissement, et jugeait qu'il était temps de la produire dans le monde.

Déjà il avait jeté ses vues sur celui qu'il désirait pour gendre, et, comme on le devine, son programme se résumait en un seul mot : il le voulait riche, bien riche, et l'idée ne lui venait pas d'ambitionner autre chose. Son désir secret était de voir Éveline épouser Maurice Duverger, le fils unique de son opulent associé. Il ne se dissimulait pas les difficultés que pouvait rencontrer ce projet, car la dot de sa fille était modique en comparaison de celle du jeune homme, et monsieur Duverger savait calculer.

Quand la famille Dableville arriva à Paris, Maurice n'était point chez son père ; il était parti depuis quelques mois pour un long voyage, et monsieur

Duverger avait laissé entrevoir à son ami qu'il désirait le marier à son retour. Celui-ci eut alors recours à d'habiles manœuvres adroitement dissimulées; il ne perdit pas une occasion de se proclamer un heureux père, de vanter les qualités, l'aimable caractère de sa fille. Quelques mots échappés à M. Duverger lui firent bientôt pressentir que son rêve favori pourrait devenir une réalité; toutefois, il se garda de faire part à Éveline de ses espérances, car il eut craint de lui causer une déception.

Un jour que mademoiselle Dableville venait de terminer sa toilette, elle vit paraître son père animé, joyeux, portant sur tous ses traits l'empreinte du bonheur.

— Qu'avez-vous donc, mon père? lui dit-elle en s'avançant vers lui.

— Ce que j'ai, mon enfant?... Ah! tu me vois ravi, transporté; c'est que je n'ai pas compté beaucoup de jours semblables à celui-ci dans ma vie. Tu sais si je t'aime, tu sais que depuis ta naissance et celle d'Albert je n'ai vécu que pour vous, je n'ai travaillé que pour vous; or, il n'est point étonnant que je sois heureux aujourd'hui, car un brillant avenir s'ouvre devant mon Éveline.

— Que voulez-vous dire? s'écria la jeune fille surprise de voir M. Dableville en proie à une exaltation qui ne lui était point habituelle.

— Eh bien ! continua celui-ci, monsieur Duverger vient de demander ta main pour son fils ; entends-tu bien ? son fils unique, le seul héritier de sa fortune ; c'est là une alliance inespérée dont la pensée me comble de joie !

Aux yeux d'une jeune fille prudente et réfléchie, le mariage est un événement sérieux, puisqu'il lui impose de graves devoirs et lui ouvre un avenir rempli de promesses ou de menaces, surtout lorsque celui qui va devenir en quelque sorte l'arbitre de sa destinée lui est complétement étranger, lorsqu'elle ignore ses croyances, ses goûts, les tendances de son caractère. Ainsi en était-il pour Éveline ; mais à ses yeux le mariage n'était qu'un rôle nouveau à jouer, rôle qui lui appraissait plein de charmes et d'enivrement.

Éveline n'avait jamais vu Maurice, mais elle le savait jeune, élégant ; n'étaient-ce point toutes les qualités qu'elle pouvait désirer dans son futur époux ? Elle entrevit sur-le-champ un joli voyage, de nouvelles parures, un appartement meublé avec luxe, et des idées riantes et joyeuses trouvèrent seules accès dans son esprit.

— Vraiment, reprit-elle en rougissant de plaisir, monsieur Duverger a songé à moi pour son fils ?

— Oui, mon enfant, et je n'ai point hésité à accepter, car j'étais certain de ton assentiment. Tout est conclu,. arrangé; monsieur Duverger désire que cette union s'accomplisse peu de temps après l'arrivée de son fils, qui doit avoir lieu dans deux mois au plus tard. Tu le vois, c'est là quelque chose de certain, de positif, et je suis persuadé que plus d'une de tes amies enviera ton bonheur. Ai-je eu raison de t'amener à Paris? Ce n'est certainement pas en restant en Belgique que tu aurais pu trouver un parti aussi avantageux.

— Mais, reprit la jeune fille, monsieur Maurice ne me connaît pas; sera-t-il disposé à épouser une femme qu'il n'a pas choisie?

— Sois tranquille; en fils bien élevé, il adoptera les vues de son père, et d'ailleurs il serait bien difficile s'il en était autrement.

Éveline se jeta dans les bras de son père, le remerciant de cette flatterie par une caresse; puis, par un mouvement instinctif, elle courut au miroir, s'y regarda quelques instants en silence et sourit d'un air de complaisance. Elle avait lieu en effet d'être satisfaite de l'examen, car si ses traits n'étaient pas d'une régularité parfaite, les nuances délicates de son teint rappelaient celles de la rose; son front où le plus léger souci n'avait pas encore marqué sa trace était si pur, si blanc, son regard si plein d'éclat qu'elle pouvait certes passer pour belle.

Dès ce moment, mademoiselle Dableville ne son-

gea plus qu'au retour de **M.** Duverger, aux raffinements de coquetterie qu'elle allait déployer pour lui
paraître plus aimable. La pensée ne lui venait pas
qu'elle pût s'attacher son futur époux autrement que
par les artifices de la toilette, par les grâces de sa
personne.

Aussitôt que Maurice fut de retour, son père le
présenta chez **M.** Dableville, et, dès la première
entrevue, Éveline fut enchantée de ses manières et
de la vivacité spirituelle qu'il apportait dans la
conversation. De son côté, il parut charmé du choix
que son père avait fait pour lui ; il se montra aimable,
empressé, et il ne fut plus question que de hâter les
préparatifs du mariage.

Au milieu de ses graves préoccupations de toilette
et de ses conférences multipliées avec la marchande
de modes, la couturière, la lingère, Éveline eut
pourtant une pensée pour la compagne des jeux de
son enfance ; toutefois, ce n'était point un retour de
son ancienne affection, mais bien la vanité qui la lui
inspirait. Elle brûlait du désir de lui apprendre la
brillante fortune qui l'attendait ; aussi elle se décida
un jour à écrire à mademoiselle Valmeire.

« Ma chère amie, lui disait-elle, j'ai une grande
nouvelle à t'annoncer ; aussi, malgré le silence que
j'ai gardé avec toi depuis si longtemps, je veux te
faire part d'un événement qui va modifier profondément mon existence.

» Je suis sur le point de me marier. Dans quelques semaines je m'appellerai madame Duverger, car j'épouse le fils de cet ami de la famille, dont tu as sans doute déjà entendu parler. Cette union remplit de joie mon père, et je n'ai assurément rien à envier aux plus favorisées du sort. Maurice Duverger est excessivement riche, et nul n'est mieux fait pour plaire. Il a vingt-cinq ans; sa physionomie est des plus expressives, son esprit fin et délié, et sa mise constamment irréprochable : c'est enfin ce qu'on appelle un jeune homme à la mode. Ses saillies toujours heureuses donnent à sa conversation un grand charme et une saveur originale.

» Il aime les fêtes, les plaisirs et me paraît disposé à traverser gaîment la vie bien plutôt qu'à s'adonner aux choses sérieuses. Du reste, son père lui a acquis une assez belle fortune pour qu'il soit bien libre de se livrer à ses goûts. Je te dirai en passant que ce n'est qu'avec beaucoup de répugnance que j'aurais accepté pour époux un homme d'affaires, car la société de ces messieurs est parfois très-peu récréative, et il suffit qu'une de leurs combinaisons ait échoué pour qu'il se montrent de fort méchante humeur. Monsieur Duverger au contraire est toujours aimable et enjoué; il se promet, m'a-t-il dit, de me procurer sans cesse de nouvelles distractions, de me faire une existence digne d'envie.

» Tu vois que l'avenir s'offre à moi sous les auspices les plus favorables ; aussi je me livre doucement au courant qui m'entraîne, me laissant bercer, comme disent les poètes, par des rêves d'or et d'azur.

» Mais c'est assez t'entretenir de moi ; parlons de toi maintenant, chère et bonne Fanny. Que deviens-tu? que t'est-il arrivé? songes-tu toujours à moi? Crois-le bien, je plains ton existence triste et monotone, et je voudrais répandre sur toi un reflet de ce bonheur qui m'entoure. Si je possédais la baguette magique des fées, je sèmerais sur tes pas joie et prospérité. Hélas! je suis réduite à faire des vœux impuissants. Crois du moins à leur sincérité, et reçois une nouvelle assurance de mon inaltérable affection. »

Éveline avait écrit cette lettre sans en rien dire à son père ni à son frère, et elle avait jugé à propos de ne point parler d'Albert. Elle s'était du reste rangée, depuis longtemps, à l'avis de son père.

Fanny soupira tristement après avoir lu la lettre de mademoiselle Dableville ; elle y cherchait vainement un mot dicté par le cœur, et, malgré les protestations qui la terminaient, elle comprit que ses amis d'autrefois étaient perdus pour elle, et que le faible lien qui l'attachait encore à Éveline allait être bientôt tout à fait brisé.

Il eût fallu à la jeune fille un froid stoïcisme,

complétement opposé à sa nature, pour que cette pensée n'éveillât pas en elle une profonde amertume. Elle gardait religieusement ses sentiments d'autrefois, et elle s'étonnait qu'il pût en être autrement pour les enfants de M. Dableville ; toutefois pas un mouvement d'envie ne se mêlait à sa douleur : elle souhaitait du fond du cœur qu'Éveline ne connût jamais la souffrance et jouît toujours d'une vie exempte d'épreuves. Quant à elle, l'effort suprême qu'elle avait accompli, la position exceptionnelle dans laquelle elle se trouvait avaient donné à toutes ses pensées une teinte grave et mélancolique. Indifférente à toutes les choses frivoles et légères, elle ne songeait qu'à ses travaux et à l'éducation de Mathilde. Il semblait que sa jeunesse eût fui déjà loin d'elle, et, à la voir ainsi calme, sérieuse, réfléchie, nul n'eût pu croire qu'elle était encore sur le seuil de la vie. Mais la religion l'avait mûrie avant l'âge.

Tandis que mademoiselle Valmeire voyait se succéder pour elle des jours marqués par un labeur incessant, le mariage d'Éveline s'accomplissait avec beaucoup de pompe. M. Dableville n'avait rien négligé pour faire grandement les choses, car l'union de sa fille avec le fils du riche M. Duverger le rehaussait aux yeux de ses amis et satisfaisait à la fois son amour paternel et son ambition.

Quant à la jeune fille, elle n'avait rien perdu de

son insouciance et de sa gaîté en voyant arriver le moment solennel qui allait transformer son existence; elle avait été rayonnante en recevant la magnifique corbeille que Maurice lui avait offerte et où il avait placé en profusion ces mille riens élégants qui sont pour tant de femmes d'un prix inestimable. Tout entière à des pensées mondaines et vaniteuses, ce fut avec la joie dans le cœur qu'elle revêtit sa blanche parure de mariée, ce fut aussi avec le sourire aux lèvres qu'elle donna à son père le baiser d'adieu pour suivre M. Duverger en Italie, où les deux époux devaient voyager pendant quelques mois. Assurément M. Dableville n'avait qu'à se louer de la fortune; le chiffre de ses capitaux s'arrondissait sans cesse, sa fille était dans une situation brillante; son fils avait répudié toutes ses idées d'autrefois et était devenu, comme lui, un froid calculateur, un adorateur passionné du veau d'or. Il ne formait plus qu'un vœu, c'était de voir Albert contracter à son tour une riche alliance.

Si Albert s'occupait peu de se choisir une compagne, son père y songeait pour lui, et bientôt il crut avoir trouvé une occasion des plus favorables.

Il lui arriva de rencontrer plusieurs fois chez M. Duverger un négociant retiré des affaires nommé Bordier qui avait avec celui-ci des relations d'intérêt.

Cet homme était sorti des rangs les plus bas de la

société; son enfance, sa jeunesse avaient été rudes et pénibles. Fils d'un forgeron, il avait lui-même manié les lourds outils de son père et porté la blouse de l'ouvrier. La nature l'avait doué d'un esprit rusé, entreprenant, et d'une grande force de volonté; aussi, à l'aide de quelques économies péniblement amassées, il était parvenu à commencer un petit négoce auquel il avait donné insensiblement une extension de plus en plus grande.

Il avait fait alors sur une assez grande échelle le commerce de fer qui lui avait procuré des bénéfices considérables, grâce à sa prodigieuse activité, et grâce surtout à l'habileté avec laquelle il savait profiter des moindres circonstances favorables à ses intérêts. Une fois sur le chemin de la fortune, il y avait marché d'un pas rapide, et tout en cédant sa maison de commerce il n'avait pas renoncé à faire fructifier ses capitaux. Il s'empressait de s'associer à toutes les entreprises qui présentaient des chances de succès à peu près certaines.

Hubert Bordier offrait dans tout l'ensemble de sa personne ce type du parvenu si souvent esquissé, et qui se retrouve toujours vrai, à part quelques différences dans les détails.

Il avait le sourire béat de l'homme satisfait de lui-même; il cachait la ruse, la fourberie sous une apparence de jovialité et de bonhomie. Son intelligence semblait épaisse, sa parole était lente, embarrassée, et pourtant, dans les affaires d'argent, il avait un coup-d'œil d'aigle, ses décisions étaient promptes et sûres, et quelque artifice qu'on employât avec lui, il savait presque toujours démêler le fond de la pensée de son interlocuteur.

Il avait réussi à composer assez bien son maintien et ses discours, et passait pour un homme à peu près bien élevé; toutefois, il n'était pas parvenu à débarrasser tout à fait son langage de certaines locutions vicieuses, et souvent on retrouvait dans ses gestes, dans son attitude une trace indélébile de son origine, et du milieu dans lequel s'étaient écoulées ses premières années. Tout en déployant un luxe rempli d'ostentation, il se montrait parfois d'une parcimonie mesquine dans les petits détails de l'arrangement intérieur de sa maison.

Sa femme était née comme lui d'une famille d'artisans; il l'avait épousée alors qu'il était pauvre encore, elle l'avait secondé de tous ses efforts, et avait puissamment contribué à sa prospérité par son esprit d'ordre et d'activité.

Du reste, son intelligence était dépourvue de toute culture, et l'on eût vainement cherché en elle ces qualités généreuses que l'on rencontre parfois chez la femme du peuple, et qui l'élèvent en quelque sorte au-dessus de sa condition. D'une nombreuse famille, une fille seule lui était restée.

M. Bordier n'avait rien négligé pour que celle-ci se trouvât à la hauteur de sa nouvelle situation; il l'avait placée plusieurs années dans un brillant pensionnat de Paris, et, mesurant le résultat aux sacrifices qu'il lui avait coûtés, il jugeait que personne n'avait reçu une meilleure éducation que mademoiselle Valérie Bordier.

Or, la vérité est qu'elle avait frayé avec des jeunes filles d'un rang assez élevé, mais pour la plupart altières, superficielles, et dont le contact n'avait fait que développer outre mesure sa prétentieuse vanité. En outre, elle avait suivi en spectatrice indifférente les cours des savants professeurs, dont les leçons n'avaient laissé dans son esprit que des images vagues et confuses. Le sculpteur le plus habile ne peut donner à la statue de marbre l'étincelle de vie dont elle est dépourvue; or, il lui manquait ce foyer d'où émane toute chaleur, toute sensibilité, toute intelligence de ce qui est beau et grand. Aussi rien n'était borné comme l'horizon de ses pensées : la plus belle œuvre d'art, la plus ravissante conception de l'imagination la laissaient froide et insensible. Tout se résumait en elle, en elle seule; elle était intimement persuadée que le suprême bon ton est de se montrer altière, arrogante avec ses inférieurs; aussi fatiguait-elle de ses exigences et les domestiques et les fournisseurs de la maison.

Si Valérie Bordier n'avait rien perdu dans son pensionnat de sa vulgarité d'idées et de sentiments due à l'atmosphère qui l'avait entourée dans la maison paternelle, elle avait acquis du moins un certain vernis qui lui permettait de ne point être déplacée dans un salon. Sa mère était fière des belles manières de sa fille; incapable d'exercer sur elle aucune direction, elle se bornait à l'entourer de complaisances empressées qui développaient outre mesure le fonds d'égoïsme inné chez Valérie, mais sans lui inspirer un tendre sentiment dont elle n'était point susceptible; et d'ailleurs l'amour-propre l'empêchait d'aimer une mère dont la complète ignorance la faisait rougir!

Une pensée dominait toutes les autres dans l'esprit de mademoiselle Bordier; elle se savait riche, bien riche; elle croyait avoir droit aux égards, aux respects de tous; elle faisait bon marché du savoir, du talent, de la bonté; tout cela n'était pour elle que des mots vides de sens. A son retour à la maison paternelle, Valérie portait naturellement ses vues vers les partis les plus élevés; mais ceux qui se laissèrent prendre tout d'abord à l'hameçon de la dot ne lui parurent nullement propres à réaliser ses espérances.

Les choses en étaient là, quand son père et celui d'Albert se rencontrèrent. Quoique M. Dableville eût quelque chose de plus distingué dans les formes, ces deux hommes étaient faits pour se rapprocher et se comprendre. M. Bordier ne tarda pas à savoir que M. Dableville avait un fils rangé, laborieux, qui promettait de faire un spéculateur des plus habiles, et qui était précisément en âge de se marier. Il apprit adroitement à M. Dableville qu'il avait une fille unique, à laquelle il destinait une très-jolie dot.... sans compter les espérances.

Le père d'Albert avait beaucoup entendu vanter l'opulence de M. Bordier; il ne perdit pas un mot de ces ouvertures, faites en apparence sans aucun dessein; bientôt il fit part à M. Duverger des idées qu'elles avaient fait naître en lui, et il lui demanda de l'éclairer de ses conseils.

Celui-ci était complétement désintéressé dans la question; il ne connaissait guère Valérie que pour l'avoir entrevue chez son père deux ou trois fois, et il ne lui avait accordé qu'une attention bien distraite; mais ce qu'il savait fort bien, c'est que les coffres-forts de M. Bordier regorgaient d'obligations de chemin de fer et de valeurs au mieux côtées sur tous les marchés de l'Europe. Il entrevit donc là une excellente affaire pour Albert, et ne manqua pas d'approuver fortement M. Dableville.

— Hubert Bordier, lui dit-il, est un homme sans façon, mais plein de sens et d'intelligence; il a été lui-même l'artisan de sa fortune, et n'en a que plus de mérite à mes yeux ; il est, j'en conviens, d'une basse extraction, eh bien ! ne sommes-nous pas nous aussi des hommes du peuple ? D'ailleurs, à notre époque, on n'y regarde pas de si près. Il importe peu d'être parti d'un peu plus haut ou d'un peu plus bas ; être arrivé, voilà l'essentiel, et votre fils ne saurait mieux faire que de devenir le gendre de monsieur Bordier.

Dès ce moment, M. Dableville ne songea plus qu'à décider Albert à entrer dans ses vues. Toutefois, il hésitait à aborder ce sujet avec lui, car il n'était pas sans inquiétude sur l'accueil que le jeune homme allait faire à de semblables projets.

— Mon ami, lui dit-il un jour, je crois t'avoir parlé quelquefois d'un nommé Bordier, dont j'ai fait la connaissance chez monsieur Duverger. Or, en causant avec lui, il m'est venu une pensée que je veux te communiquer, car c'est toi qu'elle concerne. Eveline est mariée avantageusement, il me semble que le moment est venu pour toi d'en faire autant ; un bon mariage te posera dans la société et dans le monde des affaires. J'ai songé pour toi à la fille unique de monsieur Bordier ; tu n'aurais, j'en suis certain, qu'à te présenter pour être agréé ; c'est là un parti convenable sous tous les rapports ; je dirai même : c'est un parti superbe, et je serais fort heureux de te voir dans cette circonstance céder à mes inspirations.

Albert tressaillit; mais cette impression fut rapide et passagère; il eut bientôt recouvré son calme habituel.

— Mon père, reprit-il froidement, je n'ai, je vous assure, nulle envie de me marier.

— Nulle envie! nulle envie! il faudra toujours passer par là. Un moment viendra où tu sentiras le besoin d'avoir un intérieur; or, j'ai trouvé pour toi une excellente occasion. On l'a dit depuis longtemps, tout ce qui brille n'est pas or, et jamais cela n'a été plus vrai qu'à présent. Que de familles se signalent par le déploiement de leur luxe, tandis que les affaires de leur chef sont dans le plus piteux état! Combien n'ai-je pas vu de jeunes gens qui se sont laissé duper par quelque poupée artistement parée, par les fallacieuses assurances d'un futur beau-père qui promettait monts et merveilles, et dont toutes les promesses s'évanouissaient en fumée! Ici, rien de pareil n'est à craindre; la fortune de monsieur Bordier est solidement assise; il ne l'expose pas dans d'aventureuses spéculations; mais, au contraire, il thésaurise et l'augmente chaque année. Sa fille a été élevée dans des habitudes d'ordre, d'économie, et elle a de plus reçu une excellente éducation. Un pareil mariage te ferait arriver rapidement à une brillante situation financière. J'y ai mûrement réfléchi; j'ai tout calculé, aussi j'agis en père sage et prudent, et je prétends qu'il serait peu raisonnable de repousser les avantages certains qui se présentent à toi.

— Eh bien! reprit Albert, je verrai mademoiselle Bordier. Il faut d'abord que je sache si je puis sympathiser avec elle.

— D'accord, dit M. Dableville, je suis parfaitement de ton avis; mais rien n'est plus facile que de te former sur elle un jugement. Monsieur Bordier m'a invité à dîner chez lui dans quelques jours avec monsieur Duverger. Tu m'y accompagneras, et tu pourras ainsi juger mademoiselle Bordier; une pareille démarche n'engage à rien.

Le jeune Dableville n'avait plus aucune objection à faire, et, quelques jours plus tard, une table somptueuse était dressée dans la salle à manger de M. Bordier, pour recevoir quelques invités qui n'étaient autres que M. Duverger, Albert et son père.

Valérie avait été prévenue par M. Bordier, qui avait facilement entrevu les secrètes intentions de M. Dableville; aussi, elle se préparait à faire à ces messieurs l'accueil le plus empressé, et elle avait donné à tous les détails de sa toilette une extrême attention. Elle avait aussi veillé attentivement à la bonne ordonnance du repas et à l'embellissement de la salle du festin.

Albert n'eût certainement point épousé une femme dont l'extérieur aurait pu attirer sur lui le ridicule;

mais ses idées avaient subi une immense transformation, depuis le moment où il entrevoyait dans
une union bien assortie la consécration solennelle
d'une sentiment profond d'estime et d'affection. Dans
sa pensée, comme dans celle de son père, cet acte
pieux et touchant n'était qu'un marché, dont les
conditions devaient être débattues avec le plus grand
soin. Aussi était-il calme et froid en pénétrant dans
cette demeure où il allait voir, pour la première fois,
celle à laquelle il se proposait d'associer pour toujours son existence.

Valérie Bordier n'était point complétement dépourvue des avantages extérieurs; elle était grande;
ses traits, trop accentués pour être gracieux, ne
manquaient pas de régularité, mais ils manquaient
complétement d'expression. Tout d'abord Valérie produisit sur le jeune Dableville une impression peu
favorable, mais elle s'effaça bientôt sous l'influence
des sensations agréables que lui faisait éprouver
l'aspect du luxe de bon goût et du confortable qui
régnaient partout autour de lui.

Pendant le repas, la conversation fut générale et
roula sur des sujets financiers auxquels Valérie ne
pouvait guère prendre part; mais lorsqu'on passa
dans un salon voisin, Albert se rapprocha de mademoiselle Bordier, et eut avec elle une conversation
plus à sa portée.

Il y avait loin de cette jeune fille vulgaire à la douce et noble Fanny, et le fils de M. Dableville put facilement s'en convaincre. Malgré l'attention qu'apportait ce jour-là Valérie pour modifier ce qu'il y avait ordinairement d'impérieux dans son organe, dans son attitude, on démêlait bien vite ses penchants orgueilleux, et la mesquinerie de ses idées se dévoilait dans ses moindres discours.

Cependant à l'issue de cette entrevue, quand M. Dableville interrogea son fils sur ses intentions à l'égard de mademoiselle Bordier, il vit avec satisfaction qu'Albert était tout disposé à entrer dans ses vues ; bientôt la main de Valérie fut demandée officiellement et accordée avec empressement.

Plusieurs fois le jeune Dableville revit sa fiancée, sans se demander jamais si elle pourrait le rendre heureux. Il trouvait même dans les manières de monsieur et de madame Bordier quelque chose qui le choquait profondément ; mais le chiffre de la dot avait fait taire toutes ses répugnances.

— Après tout, se disait-il, qu'est-ce que cela fait ? je ne suis point destiné à vivre avec mon beau-père et ma belle-mère ; je n'aurai avec eux que les relations imposées par les convenances. Valérie a parfois dans le son de la voix quelque chose de brusque, d'impatient ; eh bien ! cela prouve qu'elle saura diriger sa maison, et tenir avec fermeté les rênes de l'administration domestique. Je ne me dissimule point que son esprit ne franchit pas le cercle étroit des banalités mondaines et des préoccupations d'une bonne ménagère; toutefois, ce n'est pas là un mal. Je n'ai nulle envie de parler avec ma femme beaux-arts, histoire, littérature, car moi-même je m'occupe assez peu de ces choses-là, depuis que je me suis consacré tout entier aux affaires. Je ne m'inquiète que médiocrement des productions qui jaillissent du cerveau de nos poètes et de nos romanciers; je sens parfois le sommeil me gagner en écoutant le plus bel air d'opéra. Pourquoi donc chercherais-je une compagne bel esprit? C'est là un mariage de raison, un mariage d'argent, si l'on veut, comme il s'en fait tant autour de moi; mais n'apportant en ménage aucune illusion, je serai garanti contre toute déception.

Fort de ce raisonnement, Albert s'avançait sans trouble, sans arrière-pensée, vers le moment le plus décisif de sa vie.

Lors de la rédaction et de la signature du contrat, messieurs Bordier et Dableville firent assaut de ruse et d'adresse; c'était à qui sauvegarderait le mieux les intérêts de son fils et de sa fille, aussi ce ne fut pas sans mille difficultés qu'ils parvinrent à s'entendre. C'était là, à leurs yeux, le vrai pacte d'alliance; la sainteté de ce nœud conjugal à jamais indissoluble s'effaçait pour eux devant ces stipulations dictées par la défiance, l'égoïsme, et où étaient froidement prévues, calculées les éventualités les plus douloureuses.

Quand vint l'heure de la cérémonie religieuse, quand les sons de l'orgue montèrent vers la voûte du temple, et que le célébrant prononça les paroles à la fois si simples et si solennelles qui scellaient pour toujours la destinée des deux jeunes gens, Albert et Valérie ne se sentirent point émus par cette pompe majestueuse qui parle si éloquemment à une âme chrétienne. Absorbés qu'ils étaient dans la préoccupation des intérêts matériels, ils voyaient l'acte qu'ils accomplissaient réduit aux proportions les plus vulgaires. Pas une de leurs pensées ne se reportait vers les engagements mutuels qu'ils venaient de contracter, et que la mort seule pouvait rompre, puisque la bénédiction du prêtre les avait rendus sacrés devant Dieu.

Tandis que tout s'épure et s'agrandit pour l'homme qu'éclaire le flambeau de la foi, et qui a sans cesse présente à l'esprit l'image de Dieu, tout se rapetisse et s'amoindrit pour celui qui n'a d'autre culte que celui de l'argent, et qui a dirigé vers la possession du bien-être et de la richesse les facultés de son intelligence et les aspirations de son âme.

Un jour que Fanny rentrait au logis après avoir accompli sa tâche ordinaire, le facteur lui remit une

lettre lithographiée annonçant le mariage d'Albert,
et que M. Dableville père lui avait fait adresser.

Mademoiselle Valmeire s'étonna elle-même de
l'impression qu'elle éprouva en la parcourant ; c'était
de bonne foi qu'elle avait supplié Albert de renoncer
à leurs projets d'autrefois, et pourtant il lui restait
peut-être au fond du cœur un secret espoir..... Parfois, quand de sombres nuages ont voilé l'azur du
ciel, on voit longtemps encore une étoile solitaire
qui, au milieu des ténèbres, répand sa douce et mystérieuse lueur. Ainsi en était-il pour Fanny, et l'étoile
qui éclairait encore son horizon venait de disparaître
pour jamais. Il lui semblait que ce jour devait mar-
quer dans son existence, et creuser plus profondément encore l'abîme qui la séparait du passé.

V

Mathilde.

Mademoiselle Valmeire remplissait noblement la tâche qu'elle s'était imposée envers la petite orpheline. Grâce à ses travaux assidus, elle faisait régner une sorte d'aisance dans son intérieur, et elle se sentait fière de voir croître et se développer l'enfant dont elle était l'unique soutien. Elle avait pour sa jeune sœur une tendresse de mère; elle avait assisté avec bonheur à l'épanouissement de son intelligence, à cette transformation qui s'accomplit quand aux grâces naïves de l'enfance succède enfin la jeune fille.

Mathilde avait réalisé les promesses de ses premières années, elle était belle, pleine de distinction, et tous ses mouvements avaient une grâce exquise. Aussi, quand elle murmurait à l'oreille de Fanny quelques douces paroles, quand elle l'entourait de ses bras caressants, celle-ci aurait eu peine à résister au moindre de ses désirs.

Mathilde aimait beaucoup les jolis atours ; tandis

que la mise de Fanny était toujours simple et sévère, elle déployait parfois pour celle de sa sœur une certaine coquetterie.

Quand la jeune fille, vêtue d'une fraîche toilette, parcourait avec Fanny les rues et les promenades, elle voyait souvent les regards s'arrêter sur elle, et elle entendait parfois des acclamations qui la transportaient de plaisir.

Fanny n'y prenait pas garde, elle souriait même quelquefois, mais Mathilde jouissait délicieusement des éloges qui lui étaient adressés, et le poison de la vanité s'insinuait peu à peu dans son âme.

Mademoiselle Valmeire trouvait sa sœur soumise, aimante, empressée à lui faire plaisir ; elle ne s'alarmait point de ce goût pour la coquetterie qui se manifestait dans Mathilde, et que les années devaient insensiblement développer. L'excellence même de sa nature si droite et si simple l'empêchait d'apercevoir l'écueil caché sous les pas de l'enfant à qui elle consacrait sa vie.

Quand la jeune fille se trouvait seule, elle se plaisait à placer des fleurs dans ses cheveux, à étudier l'effet de tel ou tel nœud de ruban, et jamais elle ne se trouvait plus heureuse que quand elle avait quelque nouvel ajustement à sa disposition. Elle était naturellement gaie, expansive ; mais parfois elle contemplait d'un air rêveur les toilettes somptueuses

qui s'étalaient à ses regards, les magnifiques équi-
pages qui défilaient devant elle. Alors Mathilde se
prenait à envier le luxe, la richesse, à regretter que
Dieu ne l'eût pas fait naître parmi ces privilégiés de
la fortune qui nagent au sein de l'opulence. Alors
aussi elle prenait en dégoût tout ce qui l'entourait
pour ne songer qu'aux salons brillants qui lui appa-
raissaient comme autant d'Edens enchantés, et où il
lui semblait qu'elle aussi pourrait recueillir des
louanges et des hommages.

Une lutte s'élevait sans cesse dans son âme entre
les sentiments les plus divers ; si l'exemple et les
conseils de sa sœur excitaient en elle des élans vers
le bien, les suggestions de l'amour-propre et de la
vanité détruisaient trop souvent cette impression
salutaire, et éveillaient sans cesse dans son cœur de
nouveaux désirs qu'elle déplorait amèrement de ne
pouvoir satisfaire.

Tandis que Mathilde grandissait dans cette funeste
disposition d'esprit, les années s'écoulaient pour
Fanny sans apporter aucun changement dans son
existence simple et laborieuse. Chacun de ses jours
était à peu près semblable à l'autre, et amenait le
retour des mêmes travaux, des mêmes devoirs. Toujours on la voyait modeste, infatigable, ne cherchant
qu'à passer inaperçue, et renfermant au fond du
cœur les trésors de sensibilité et d'imagination dont
la Providence l'avait douée.

Eveline avait complétement cessé de lui donner signe de vie, et jamais elle n'avait aucune nouvelle directe de la famille Dableville. Elle avait appris vaguement qu'Albert et sa sœur se trouvaient dans une brillante situation de fortune ; mais elle ne songeait à eux qu'avec une calme sérénité, car le temps est un baume souverain qui presque toujours efface la trace des impressions les plus douloureuses.

Quelquefois par hasard elle entendait prononcer leurs noms par des personnes qui, ayant connu autrefois les projets d'Albert et l'amitié de sœur qui unissait Fanny à Eveline, flétrissaient la conduite des enfants de M. Dableville à son égard. Mademoiselle Valmeire prenait alors leur défense, non pour faire parade d'une feinte générosité ; mais elle se rendait compte des entraînements qu'ils avaient subis, et elle ne trouvait pour eux dans son cœur qu'indulgence et pardon.

A mesure que la raison de Máthilde s'était développée, l'isolement de Fanny était devenu moins absolu, mais elle avait eu soin pourtant de ne point l'initier aux tristesses de sa jeunesse. Inspirée par un sentiment de touchante délicatesse, elle ne l'avait jamais entretenue du sacrifice qu'elle avait accompli, des espérances dont la perte lui avait paru si amère.

— A quoi bon, se disait-elle, à quoi bon assombrir son front par de semblables révélations ? Qu'elle jouisse en paix de l'heureuse inexpérience de son âge! Les jours d'épreuves et de souffrances viendront assez tôt pour elle.

Cependant mademoiselle Valmeire songeait sérieusement à assurer à sa jeune sœur une profession, et elle n'avait rien négligé pour lui faire acquérir le talent qu'elle possédait elle-même. Mathilde avait une vive intelligence; mais la persévérance lui faisait défaut; elle se lassait vite d'un travail assidu, et son imagination capricieuse l'emportait souvent au-delà du domaine de la vie réelle.

Quelques livres dangereux lui étaient tombés sous la main à l'insu de Fanny, et elle en avait dévoré les pages avec avidité. Elle avait vu des égarements coupables justifiés par l'entraînement de la passion; elle avait vu des filles du peuple parvenir à la fortune par la puissance de leur beauté. Les agréments dont la nature l'avait douée étaient devenus pour elle un don fatal, car elle s'était prise à ambitionner la destinée d'une de ces héroïnes, et elle ne pouvait croire que le jour ne viendrait pas où elle aussi pourrait briller dans le monde.

Bientôt, elle oublia de prier Dieu.... Elle resta sans défense, aux prises avec sa vanité et ses coupables espérances. Lorsque mademoiselle Valmeire lui parlait le langage de la raison, de la prudence et s'efforçait d'éveiller en elle le désir de se créer un avenir par le travail, Mathilde ne l'écoutait qu'avec distraction ; sa pensée se détournait d'une semblable perspective pour caresser d'enivrantes chimères ; toutefois elle gardait pour elle seule le secret de ses rêveries romanesques qui n'en devenaient ainsi que plus dangereuses.

Mathilde venait d'atteindre sa dix-huitième année, et Fanny entrevoyait vaguement que quelque chose d'étrange se passait en elle. Mais elle n'avait point sondé encore la profondeur du mal, car elle eut été vivement alarmée s'il lui avait été donné de lire au fond du cœur de sa jeune sœur. Elle veillait avec grand soin sur toutes ses démarches, et elle n'eût point souffert que Mathilde-fréquentât les plaisirs mondains ; elle comprenait quels dangers ils eussent présentés pour la frivole jeune fille, mais lorsqu'elle pouvait lui procurer quelque innocente distraction, elle s'y prêtait volontiers.

Mademoiselle Valmeire menait une existence extrêmement retirée ; cependant, elle avait lié connaissance avec une famille respectable dans laquelle se trouvaient deux jeunes filles auxquelles elle avait donné des leçons, et qui, à peu près de l'âge de Mathilde, étaient devenues ses amies.

Par un beau dimanche d'été, madame Duviliers, ainsi se nommait leur mère, se présenta chez les demoiselles Valmeire en leur proposant de l'accom-

pagner à la promenade elle et ses enfants. Fanny
préféra rester au logis; mais elle lut dans les yeux
de Mathilde un si vif désir de profiter de l'invitation
qui lui était adressée, qu'elle n'hésita point à lui
donner la permission de l'accepter.

Bientôt Mathilde, toute rayonnante de joie, s'éloigna en compagnie de ses jeunes amies; elle portait
une fraîche robe de jaconas lilas, un mantelet de
mousseline blanche, une capote de la même nuance
ornée d'un joli bouquet de boutons de roses, et qui
laissait deviner les richesses de son ondoyante che-
velure. La simplicité de sa toilette faisait mieux res-
sortir encore l'exquise distinction qui régnait dans
toute sa personne.

La température était délicieuse ce jour-là; aussi
les habitants en profitaient-ils pour se livrer au plaisir
de la promenade. L'antique cité liégeoise offrait un
spectacle plein de gaieté et d'animation; la foule se
pressait dans les rues, sur les quais, sur les places
publiques, et un grand nombre de personnes se diri-
geaient vers le boulevard d'Avroy où une musique
militaire faisait entendre les plus beaux morceaux
de son répertoire.

Ce fut là aussi que madame Duviliers et les jeunes
filles portèrent leurs pas; Mathilde ne se sentait pas
d'aise; le bruit, l'agitation qui régnaient autour d'elle
l'enivraient; elle s'amusait beaucoup du spectacle varié

qui s'offrait à ses regards, et puis quelque chose lui disait qu'elle était bien jolie, plus jolie que les dames et les demoiselles qui passaient à ses côtés vêtues de toutes les recherches de la mode. Cette pensée la charmait, et tandis que les accords de la musique berçaient mollement son oreille, elle s'abandonnait à ses rêveries favorites.

Bientôt Mathilde prit place sur un banc avec madame Duviliers et ses jeunes compagnes; elle y était assise depuis quelque temps, quand tout à coup sa vue se porta sur un jeune homme qui se trouvait à quelque distance, et qui avait les yeux attachés sur elle.

Il pouvait avoir vingt-cinq à vingt-six ans; son extérieur était des plus agréables, sa mise très-recherchée, et tout en lui indiquait qu'il appartenait à la classe élevée de la société. Mathilde, au lieu de se rappeler les principes de modestie et de vertu que sa sœur ne cessait de lui inculquer, se sentit tout à la fois heureuse et confuse de l'attention dont elle était l'objet; plusieurs fois son regard se reporta vers le même point pour ainsi dire involontairement, et elle aperçut encore l'inconnu dans la même attitude. Elle ne répondait plus que d'un air distrait aux paroles que lui adressaient ses amies.

Quand madame Duviliers et les jeunes filles se remirent en marche, elles passèrent auprès de l'étranger, qui s'inclina respectueusement devant elles.

Mathilde n'en pouvait douter, elle deviendrait l'objet de la recherche de l'étranger, qui ne pouvait manquer de demander bientôt sa main. Cette idée éveillait en elle un mouvement de fierté, et il lui semblait toucher au seuil de cette félicité qu'elle poursuivait depuis si longtemps. Toutefois, connaissant la sévérité des principes de Fanny, elle se garda bien de lui dire un mot de l'incident qui occupait son esprit, et qui du reste avait passé inaperçu pour madame Duviliers et ses filles, car elles avaient attribué à une méprise le salut que le jeune homme leur avait adressé.

Le lendemain, dans la matinée, en se mettant à la fenêtre, Mathilde aperçut l'inconnu qui se promenait lentement dans la rue. Aussitôt, il leva les yeux vers elle, et s'inclina comme il l'avait fait la veille.

Pendant cette journée, Fanny s'étonna de la distraction que sa jeune sœur apportait dans ses travaux ; c'est qu'en effet Mathilde maniait ses crayons sans s'inquiéter du modèle qu'elle voulait reproduire, sans songer à observer en aucune manière les lois de la perspective.

Les jours suivants, il arriva souvent à la jeune fille de se diriger vers la fenêtre, espérant bien voir l'inconnu, et en effet elle l'aperçut plusieurs fois encore. Il la saluait profondément. Mathilde répondait à son salut, puis se retirait précipitamment, l'âme troublée, car elle commençait à sentir l'aiguillon du remords.

Assurément, il n'y avait rien là de bien grave en apparence, et pourtant elle se sentait coupable ; elle avait des notions assez exactes de la retenue et de la modestie chrétienne pour comprendre qu'elle se compromettait par cette sorte d'intelligence muette qu'elle avait laissé s'établir entre elle et l'étranger. Mathilde ne se dissimulait pas non plus qu'elle agissait mal, en cachant tout cela à sa sœur ; mais elle cherchait à étouffer les scrupules de sa conscience, et rêvait du matin au soir le plus brillant avenir.

Un jour, en l'absence de sa sœur, elle entendit frapper discrètement à la porte de l'appartement qu'elles occupaient ; elle s'empressa d'ouvrir, et grande fut sa surprise en apercevant l'inconnu.

Mathilde ne put retenir un geste d'étonnement à la vue d'un visiteur si inattendu. Malgré son inexpérience, elle sentait tout ce qu'il y avait d'inconvenant dans la démarche du jeune homme ; elle savait qu'une semblable entrevue ne pouvait se prolonger longtemps sans danger pour elle ; aussi elle fut sur le point de lui déclarer énergiquement qu'elle ne consentirait pour rien au monde à l'entendre, à le recevoir en l'absence de sa sœur ; mais il avait des

façons d'agir si pleines de respect, que Mathilde
n'eut pas le courage de se montrer indignée.

L'étranger devina ce qui se passait en elle.

— Mademoiselle, lui dit-il, soyez persuadée que
je n'ai d'autre but que votre bonheur. J'ai longtemps
hésité sur les moyens de parvenir jusqu'à vous ; un
moment j'ai eu la pensée de vous écrire ; mais je
n'aurais pu vous dire dans une lettre tout ce que j'ai
à vous faire connaître. J'ai tenu à vous trouver seule,
parce qu'il est de la plus haute importance que j'aie
avec vous un entretien confidentiel, et vous allez bientôt le comprendre ; j'aspire à faire de vous la compagne
de ma vie, et je veux vous dire d'abord dans quelles
circonstances je me trouve placé. Je me nomme Gustave de Tholberg ; j'ai depuis longtemps perdu mon
père, et je suis le fils unique d'une famille riche et respectable d'Amsterdam. Je sais, mademoiselle, que
vous avez reçu une éducation distinguée, et que vous
êtes digne par votre mérite et vos talents de figurer
dans les rangs les plus élevés de la société ; mais les
préjugés sont impitoyables ; je crains donc que ma
mère n'apporte quelque opposition à mes projets
quand je lui parlerai de m'unir à vous, car je sais qu'elle
me destine une héritière noble et riche. Toutefois, elle
me chérit tendrement ; aussi elle cèdera, j'en suis
convaincu, lorsqu'elle connaîtra tous vos mérites. Un
moyen se présente pour vaincre toute résistance de

sa part; peut-être vous alarmera-t-il d'abord; mais je vous en conjure, ne le repoussez pas. Consentez à venir ensemble trouver ma mère, nous nous jetterons à ses genoux; votre aspect fera plus d'impression sur elle que tous les discours que je pourrais lui adresser, et elle ne pourra refuser de bénir notre union.

En parlant ainsi, Gustave se tenait à quelque distance de la jeune fille, dans une attitude pleine de respect.

Mathilde était émue de surprise; un combat se livrait entre sa timidité et l'irrésistible désir qu'elle éprouvait de devenir madame de Tholberg.

— Monsieur, répondit-elle, je vous crois bon et généreux, mais c'est à ma sœur que je vous supplie de tout dire; elle est mon unique famille, mon seul appui sur la terre.

— Merci! s'écria Gustave; vous ne refusez pas l'offre que je vous fais de ma main; mais je ne puis confier mon projet à mademoiselle votre sœur; il lui serait impossible de me comprendre; elle jugerait nos desseins avec la froide raison, et, par une prudence exagérée, elle les blâmerait peut-être et m'empêcherait ainsi de les réaliser. Je vous en conjure, donnez-moi un gage de votre confiance, de votre affection, fiez-vous à mon honneur, à ma loyauté, et dites-moi que vous êtes prête à me suivre vers ma mère.

Si les paroles flatteuses de Gustave avaient un moment étourdi Mathilde, tous ses instincts honnêtes se réveillèrent à la pensée de quitter la demeure de sa sœur, et bien que la jeune fille ne doutât point de la sincérité de l'intrigant, elle comprit néanmoins tout ce qu'avait de grave et d'étrange la démarche qu'il exigeait d'elle.

— Monsieur, reprit-elle avec une certaine fermeté, ce que vous me proposez est impossible.

— Vous ne me comprenez pas, mademoiselle, vous vous alarmez à tort; douteriez-vous donc du respect que vous m'inspirez?

— Non, monsieur, mais quand même je ne deviendrais pas coupable, que dirait le monde, et quelle serait la douleur de ma sœur?

— Son incertitude ne serait pas longue, car vous laisseriez une lettre pour l'informer de la résolution prise par vous et des motifs qui vous y ont déterminée; bientôt ses alarmes seraient calmées par la nouvelle du consentement formel donné par ma mère à notre mariage. Quant à l'opinion publique, rassurez-vous, mademoiselle, j'environnerais votre départ de tant de précautions qu'il resterait certainement ignoré; d'ailleurs chacun s'inclinerait devant vous, quand on vous verrait riche et grande dame. Vous chérissez mademoiselle votre sœur, eh bien! votre fortune, votre élévation rejaillirait sur elle....

Mathilde était tremblante; tantôt son bon ange lui

révélait qu'un abîme se creusait sous ses pas, tantôt de brillants mirages éblouissaient son imagination.

— Je sens tout le prix de votre recherche, monsieur, dit-elle enfin, mais à la seule idée d'accomplir un acte qui affligerait profondément ma sœur, le souvenir de tout ce que je lui dois se réveille dans mon esprit avec une force nouvelle. Elle serait triste et alarmée, si elle vous surprenait ici en ce moment, aussi, je vous prie, ne prolongez pas cette entrevue.

— Vos paroles sont des ordres pour moi, répondit Gustave, mais je ne puis vous quitter ainsi sans emporter quelque espoir. Gardez-moi le secret sur tout ce que je viens de vous dire, et si vous changez d'avis, comme je l'espère, ayez la bonté de m'en informer.... Je vais m'éloigner sur-le-champ pour vous prouver avec quelle déférence je me rends à vos moindres désirs.

Bientôt, en effet, M. de Tholberg prit congé de Mathilde.

Quand il eut disparu, la jeune fille resta pensive et troublée, en proie à une sorte de vertige ; les idées les plus contradictoires se heurtaient dans son esprit. La révélation de l'avenir brillant qui l'attendait, l'enivrait, la transportait ; mais elle n'osait s'arrêter à la pensée de quitter furtivement sa sœur ; elle passait d'une joie délirante aux plus pénibles angoisses.

Mathilde eût voulu pouvoir tout avouer à Fanny,

mais elle n'ignorait pas qu'elle la blâmerait d'avoir reçu la visite de Gustave de Tholberg... Et puis, elle ne voulait pas renoncer à ses magnifiques espérances. La malheureuse et coupable enfant garda le silence. Quand elle se retrouva en présence de Fanny, elle se sentit embarrassée, mal à l'aise ; elle tremblait de se trahir, et il lui en coûtait de ne pouvoir initier à ses rêves d'avenir la protectrice dévouée de son enfance et de sa jeunesse.

Le lendemain, Mathilde était seule au logis, lorsqu'elle vit tout à coup paraître une jeune fille à laquelle elle n'avait jamais adressé la parole, mais qu'elle avait souvent aperçue dans la rue, car la nouvelle venue habitait avec sa famille une maison peu éloignée de celle des demoiselles Valmeire.

Célina Durbuy, ainsi se nommait-elle, appartenait à la classe ouvrière et exerçait la profession de lingère ; mais la coquetterie de sa mise, l'audace de son regard donnaient sur-le-champ une idée peu favorable de sa personne ; en effet, elle avait complétement abdiqué ces vertus modestes qui font la dignité de la jeune fille pauvre, et la rendent respectable aux yeux de tous.

M. de Tholberg comptait sur elle pour faire réussir ses projets. Mathilde ne savait rien du passé ni du genre d'existence de Célina ; celle-ci avait l'air confiant et assuré ; elle n'attendit pas longtemps pour expliquer le but de sa visite ; elle tira un petit paquet, et le tendit à la sœur de Fanny en lui disant :

— Mademoiselle, j'ai à vous remettre ceci de la part de monsieur Gustave de Tholberg.

A ces mots, la jeune fille fut saisie de surprise, et son premier mouvement fut de répondre par un geste de refus.

— Ne refusez pas, mademoiselle, je vous en supplie, dit vivement Célina ; vous pourriez vous en repentir tous les jours de votre vie.

Si Mathilde avait eu quelque expérience des choses de la vie, elle eût été profondément offensée de voir M. de Tholberg placer ainsi un intermédiaire entre elle et lui, et elle n'eût voulu à aucun prix accepter un pareil message ; mais éblouie qu'elle était par l'amour-propre, et entraînée d'ailleurs par un vif sentiment de curiosité, elle surmonta la répugnance qu'elle avait d'abord éprouvée, et prit l'objet que la jeune fille lui tendait.

Celle-ci, heureuse d'avoir si bien réussi, n'en demanda pas davantage, et, craignant de voir mademoiselle Valmeire se raviser, elle ne tarda pas à disparaître, la laissant tout entière à ses réflexions.

Mathilde déchira d'une main agitée l'enveloppe du paquet : elle aperçut alors un petit écrin contenant une broche et des boucles d'oreilles en rubis et perles de la plus grande beauté. Jamais elle n'avait vu de près d'aussi jolis bijoux, aussi fut-elle d'abord toute à l'admiration, et elle resta quelque temps à en rassasier ses regards.

Bientôt elle aperçut un petit billet soigneusement plié; elle s'empressa de l'ouvrir et y lut ces mots :

« Acceptez ce modeste présent, je vous en supplie ; il est indigne de vous, je le sais ; mais recevez-le comme un faible gage des sentiments respectueux de celui qui n'aspire qu'à obtenir votre main. Une réserve dont vous apprécierez les motifs, j'en suis certain, m'a seule empêché de me rendre aujourd'hui auprès de vous ; mais vous pouvez avoir une confiance entière dans la jeune fille qui est chargée de vous remettre ce message. Je conserve toujours l'espoir que vous consentirez à m'accompagner chez ma mère.

» Votre tout dévoué,

» GUSTAVE DE THOLBERG. »

Mathilde était légère, vaniteuse; aussi l'instinct de la coquetterie l'emporta d'abord chez elle sur toute autre considération. Elle prit les bijoux, s'en para avec complaisance ; puis, s'approchant du miroir, elle étudia l'effet qu'ils produisaient, et elle en fut charmée. Jamais elle ne s'était trouvée si belle, et elle ne pouvait se lasser de voir les perles fines faire miroiter leurs reflets chatoyants.

— Et pourtant, se disait-elle, si j'étais la femme

de monsieur de Tholberg, j'aurais constamment de
semblables parures et de bien plus belles encore ; je
ne porterais que soie, velours et dentelles ; j'aurais
des appartements meublés avec luxe, un équipage
somptueux ; je ferais même envie à quelques-unes de
ces belles dames qui me regardent aujourd'hui d'un
œil dédaigneux. La fortune est là ; je n'ai qu'à
étendre la main pour la saisir ; celui qui me l'offre
est noble et plein de délicatesse, et j'irais, moi, le
repousser ?... Non ! non !... De quoi s'agit-il après
tout ? d'une démarche que le monde pourrait blâmer,
il est vrai, mais qui pourtant n'a rien de coupable...
Madame de Tholberg ne me repousserait pas, j'en
suis certaine ; il lui serait impossible de rester
insensible à mes prières, à celles de son fils !...

Tandis que ces pensées se pressaient rapidement
dans l'esprit de Mathilde, elle entendit tout à coup
sur l'escalier le pas bien connu de sa sœur ; elle
s'empressa de faire disparaître les bijoux, mais elle
ne put si facilement dissimuler son agitation, et
bientôt son attitude, son maintien révélèrent à mademoiselle Valmeire que sa jeune sœur était en proie
à une vive préoccupation.

— Qu'as-tu donc ? chère enfant, lui dit-elle avec
un affectueux intérêt ; comme te voilà soucieuse, pensive ! depuis quelque temps je remarque que tu n'es
plus la même qu'autrefois.

Le coupable est toujours porté à la dissimulation.

— Je n'ai rien, répondit la jeune fille ; mais je ne puis comme toi avoir toujours le même calme, la même sérénité, être constamment maîtresse de moi-même....

— Je ne me propose pas pour modèle, dit doucement Fanny ; toutefois, je t'engage à ne pas laisser ton esprit s'égarer ainsi dans de continuelles et inutiles rêveries. Cela n'arriverait pas si tu te livrais avec plus de ferveur à tes exercices de piété, et si tu songeais davantage à tes travaux dont tu apprécieras plus tard toute l'importance. Ma chère enfant, tu ne pric pas assez le bon Dieu !... Ah ! peux-tu oublier un si bon père ?...

Mathilde rougit, et ne répondit pas.

— C'est cela, c'est cela, se disait-elle, j'irais suivre tête baissée cette voie rude et étroite que Fanny a parcourue elle-même ; tous les instincts de ma nature s'y opposent. Est-ce ma faute à moi si mon imagination a besoin de prendre son essor vers d'autres régions ? Je ne puis concentrer mon esprit dans les réalités vulgaires, prosaïques de l'existence ; j'ai soif de poésie, de jouissances, que mon mariage avec Gustave peut seul me procurer !... Eh ! bien, je me décide enfin !... Je n'irai pas demander conseil à Fanny ; je le sais d'avance, elle me condamnerait, elle glacerait tout mon enthousiasme par quelque froide et sérieuse parole. C'en est fait, je suivrai mes propres inspirations.

Et la malheureuse ne priait pas ; elle repoussait les dernières inspirations de la grâce divine !...

Cependant, le coupable Gustave ne voulait pas perdre un moment pour assurer la réussite de son plan diabolique, et, dans le courant de la même journée, Mathilde fut très-étonnée de voir paraître encore Célina, qui profitait d'une courte absence de Fanny pour faire auprès de la jeune fille une nouvelle tentative. Elle avait l'air plus assuré et plus audacieux encore que la première fois.

— Mademoiselle, dit-elle, je viens de la part de monsieur de Tholberg. Il désire ardemment vous entretenir pour combiner avec vous le projet dont il vous a déjà parlé ; ce serait une folie de votre part que de n'y point consentir. Monsieur Gustave est riche, bien posé dans la société ; jamais une occasion pareille ne se présentera pour vous. Grâce à lui, vous aurez un sort digne d'envie, vous ne serez plus obligée de végéter dans la médiocrité. Cette vie-là, mademoiselle, n'est pas faite pour vous ; votre sœur vous cache à tous les yeux, vous prive de tout plaisir, pourtant vous n'auriez qu'à paraître pour être la reine de toutes les fêtes. Ah ! voyez-vous, le jeunesse et la beauté passent vite ; il faut savoir en profiter.

Ce discours débité avec volubilité semblait à Ma-

thilde comme un écho de ses propres pensées ; toutefois, elle restait muette, tremblante, se débattant
pour ainsi dire contre ses derniers scrupules, et hésitant encore à prononcer les paroles que Célina lui
demandait.

— Eh bien! continua celle-ci, que dirai-je donc à
monsieur de Tholberg?

— Dites-lui qu'il peut venir, reprit Mathilde avec
effort.

— Vous voilà donc raisonnable, dit Célina ; je suis
contente de vous voir comprendre enfin vos vérita-
bles intérêts ; vous serez heureuse, et je m'en réjouis,
car vous êtes vraiment digne de l'être.

En disant ces mots, la coupable fille s'éloigna,
satisfaite de son facile triomphe.

Mademoiselle Valmeire n'avait eu aucune connaissance des visites reçues par sa jeune sœur ; elle était
bien loin de se douter de ce qui se passait dans l'âme
de Mathilde. Le soir de ce jour, après avoir fait ses
exercices de piété, comme de coutume en commun
avec sa sœur, qui, hélas! joignait déjà l'hypocrisie
au péché, elle se mit au lit de bonne heure, et, fati-
guée par ses nombreuses occupations, elle ne tarda
pas à s'endormir.

Tandis qu'elle goûtait ainsi les douceurs du sommeil, Mathilde veillait solitaire, assise auprès d'une
petite lampe dans la chambre qu'elle partageait avec

sa sœur. Elle tenait à la main un livre qu'elle ne lisait pas ; mais le trouble de son esprit l'empêchait de se livrer au repos.

C'en est fait ; elle va briser pour toujours avec son passé de jeune fille, fuir cette humble demeure où elle a grandi entourée de la vigilante sollicitude de sa sœur. Son parti est pris ; il n'y a plus d'hésitation dans son esprit ; elle veut échapper à cet avenir modeste et laborieux qui l'effraie.

Entraînée par sa vive agitation, Mathilde se lève tout à coup, fait quelques pas dans l'appartement, et se dirige ainsi, sans y penser, vers la couche où reposait sa sœur. Mademoiselle Valmeire dormait paisiblement ; le calme de son âme semblait empreint sur ses traits, et l'on eût même dit qu'un sourire errait sur ses lèvres.

Ah ! sans doute, la pauvre fille poursuit un songe heureux, et pourtant, dans deux jours peut-être, l'enfant pour qui elle s'est dévouée l'aura plongée dans les larmes et le désespoir.

Cependant Mathilde s'était arrêtée à la contempler, et sa pensée se reporta alors sur cette existence si simple, si uniforme qui avait été son partage.

— Pourtant, se disait-elle, Fanny était bien douée par la nature, et digne certainement du plus bel avenir ! Je l'ai vue toujours grave et austère ; la vie n'a-t-elle donc point eu de printemps pour elle ? Je suis sûre qu'elle a quelque secret pour moi.....

Elle se rappelle alors un petit coffret d'ébène placé sur une table dans l'atelier de Fanny, et dont le contenu est toujours resté ignoré pour elle.

— Ah! se disait-elle, peut-être y a-t-il là un secret? je veux à tout prix le connaître.

A ce moment, Mathilde aperçoit une petite clef que mademoiselle Valmeire portait toujours suspendue par un ruban, et qui servait sans doute à ouvrir le mystérieux coffret. A l'aide de ciseaux, elle la détache légèrement, mais ce mouvement, quoique accompli avec beaucoup de précaution, a réveillé Fanny.

— Que veux-tu? dit-elle avec surprise à sa sœur; serais-tu donc malade?

— Non, non, reprit la jeune fille; mais avant de gagner mon lit, je voulais te donner le baiser du soir.

Fanny tranquillisée ne tarda pas à se rendormir. Alors Mathilde passa sans bruit dans l'atelier, saisit le petit meuble d'ébène et l'ouvrit d'une main frémissante, car l'indiscrétion qu'elle commettait la troublait profondément. Bientôt elle aperçoit une liasse de lettres et les saisit avidement. C'était toute la correspondance d'Albert et d'Eveline, soigneusement rangée par ordre de date.

Mathilde parcourut lentement les lettres une à une;

ses yeux se portèrent d'abord sur les premières lettres écrites par le jeune Dableville après son installation à Paris, alors qu'il voyait encore dans Fanny la fiancée choisie par sa mère, la femme qui devait porter son nom et embellir sa vie. Il se plaisait à évoquer de riantes images de bonheur et d'avenir; il protestait de l'immuable constance de son attachement.

Ensuite, la jeune fille toucha une lettre qui avait été souvent lue, relue, froissée; c'était celle où Albert suppliait mademoiselle Valmeire d'accéder aux conditions que son père lui imposait, et de consentir à éloigner d'elle sa jeune sœur, pour briser ainsi l'obstacle qui la séparait de lui.

A mesure que ces lignes passaient sous les yeux de Mathilde, ses yeux se mouillaient de larmes, et un attendrissement inexprimable s'emparait de son âme.

On eût dit qu'un monde nouveau se révélait à la jeune fille; jamais elle n'avait aussi bien compris ce qu'il y a de grand, de sublime dans le dévouement, dans l'oubli de soi-même; jamais sa sœur aînée ne lui avait paru si digne d'admiration. Si Mathilde se laissait parfois égarer par la vanité, par son ardente imagination, c'était une de ces natures qu'une action noble et généreuse ne trouve jamais insensibles. Or, tout ce qu'elle venait d'apprendre avait fait sur elle la plus vive impression, et avait donné une sorte d'exaltation à la reconnaissance qu'elle éprouvait déjà auparavant pour celle qui lui avait tenu lieu de mère.

— Hélas! se dit-elle, je le vois, Fanny a sacrifié pour moi le plus bel avenir; elle a refusé la main d'Albert Dableville pour entourer ma jeunesse de soins assidus; elle a tout immolé à ce qu'elle regardait comme un devoir; elle a accompli son sacrifice en silence, trouvant encore pour la petite orpheline des baisers, des sourires, et j'irais moi, par un acte lâche, répréhensible aux yeux de Dieu et des hommes, porter la souffrance dans son cœur!... Non, non, il n'en sera pas ainsi. O mon Dieu, merci, vous venez d'éclairer mon esprit!... Grâces vous soient rendues à jamais! Merci encore une fois, Seigneur, d'avoir arrêté mes pas sur les bords de l'abîme, d'avoir fait resplendir la lumière à mes regards!

Mathilde rentra doucement dans la chambre où se trouvait sa sœur, mais ses impressions avaient été trop vives pour qu'elle pût songer à se livrer au sommeil. Elle s'assit auprès d'une fenêtre, et y resta longtemps immobile.

La lune, entourée d'un cortége d'étoiles radieuses, brillait au milieu de l'azur du ciel, et répandait sur toute la nature sa douce et poétique clarté. Il y avait dans ce spectacle, dans le calme silence qui régnait partout autour d'elle, quelque chose qui était en harmonie parfaite avec la teinte rêveuse qu'avaient prise les idées de la jeune fille.

En ce moment, elle détournait sa pensée des joies fausses, des magnificences du monde, pour l'élever vers ce Dieu qui, d'un souffle de sa volonté, a créé l'univers, et a imposé à ses créatures l'obligation de rester fidèles à sa loi sainte et immuable; puis, elle repassait dans sa mémoire les années écoulées, ses erreurs, ses défaillances dans la voie du bien; enfin, elle cherchait à se retracer les visages aimés de son père, de sa mère dont il ne lui restait qu'un bien vague souvenir. Des larmes montaient à ses yeux, non de ces larmes qui annoncent le déchirement de l'âme, mais des larmes douces qu'un profond repentir fait couler, et qui soulagent le cœur au lieu de l'oppresser. Elle se promettait de ne point oublier les heures de cette nuit grave et solennelle.

Quand Fanny se réveilla aux premières lueurs du jour, elle aperçut Mathilde auprès de son lit, et la tête appuyée dans ses mains.

— Qu'as-tu donc? lui demanda-t-elle vivement, étonnée de son attitude.

— Ce que j'ai! répondit la jeune fille d'une voix émue; j'ai un pardon à te demander, car j'ai été bien coupable.

— Coupable! toi, ma chère Mathilde?

— Oui, ma sœur bien-aimée; mais, heureusement, Dieu ne l'a pas permis; il n'a pas voulu que ton dévouement fût payé d'ingratitude. Une indiscrétion m'a sauvée; cette nuit, j'ai ouvert ton coffret, j'ai lu les lettres qui y sont contenues, et je sais maintenant ce que je dois à ta généreuse affection. Pourquoi donc ne m'avoir pas tout dit plus tôt? Le sentiment de la reconnaissance m'eût donné une énergie nouvelle et m'eût préservée de tout entraînement dangereux.

— Explique-toi, chère Mathilde! De grâce, dis-moi ce qui s'est passé; tes demi-confidences me troublent et m'effraient.

La jeune fille se voila alors le visage de ses deux mains; puis elle raconta à Fanny les différentes circonstances de la faute dont elle avait failli être victime. Elle lui avoua l'espèce d'encouragement qu'elle avait donné aux premières avances de M. de Tholberg, l'entrevue qu'elle avait eue avec lui, les propositions qu'il lui avait faites, puis la lutte qui s'était engagée dans son esprit et dont elle était enfin sortie triomphante.

Fanny l'écoutait avec une surprise pénible; elle avait peine à croire à la réalité de ce qu'elle entendait, et il lui semblait être le jouet d'un songe douloureux.

— Malheureuse enfant! s'écria-t-elle, sais-tu de

quel affreux péril la grâce de Dieu t'a retirée ? Monsieur de Tholberg te berçait de fausses espérances ; jamais il n'aurait fait de toi sa compagne ! Jamais sa mère n'aurait consenti à une mésalliance, et ton avenir eût été perdu pour toujours ! Je frémis quand j'y songe !... Pauvre Mathilde !... Mais que je remercie Dieu d'avoir veillé sur toi ! La vie a pour tous des jours amers, des moments de défaillance ; mais, crois-moi, chère Mathilde, on est forte pour résister aux coups de l'adversité quand on peut descendre avec calme au fond de sa conscience, se retrouver avec ses souvenirs sans remords et sans alarmes ; quand on place ses espérances plus haut que dans les jouissances fugitives de la terre. Si tu m'avais quittée, j'eusse été plongée dans un abîme de douleur ; je me serais dit sans cesse : Qu'ai-je fait de cette enfant que m'avait confiée mon père mourant ? Oh ! non, non, Dieu n'aurait pas voulu permettre un semblable malheur.

— Ma sœur, reprit Mathilde ; je remercie la Providence d'avoir veillé sur moi, et, je te le promets, je me défendrai désormais contre moi-même. Je n'ai pas besoin de te dire que je méprise monsieur de Tholberg ; je n'ai plus que de l'éloignement pour lui. S'il est une heure que je voudrais effacer de ma vie, c'est celle où j'ai prêté l'oreille à ses coupables machinations ; j'aurais dû les repousser avec indignation, car, je le comprends maintenant, cet homme avait juré ma perte.

Ce jour-là, Fanny ne quitta pas sa demeure; elle avait été trop profondément impressionnée pour pouvoir se livrer à ses occupations ordinaires, et d'ailleurs, d'après ce qui avait été convenu entre elle et sa sœur, elle voulait recevoir elle-même M. de Tholberg.

A l'heure où mademoiselle Valmeire était absente d'ordinaire, Gustave parut; il ne doutait pas que Mathilde ne fut prête à le suivre. Sa surprise fut grande lorsqu'il se trouva en face de Fanny; il voulait se retirer en balbutiant quelques excuses, mais la sœur de Mathilde le pria d'entrer et lui offrit un siége.

Le trouble et l'embarras du jeune homme étaient à son comble; les manières de Fanny avaient une imposante dignité, et il y avait dans toute sa personne un air de noblesse et de distinction qui commandait le respect.

Gustave, quoique peu timide de sa nature, subissait lui-même cet ascendant de la vertu dont il eût voulu à tout prix se défendre. Il avait perdu son aplomb ordinaire, et il se sentait rougir sous ce regard calme et profond qui s'arrêtait sur lui comme pour pénétrer ses pensées les plus secrètes. C'est en vain qu'il faisait appel à son audace ordinaire; il

était là, inquiet, hésitant, attendant que Fanny s'ex-
pliquât la première.

— Monsieur, lui dit-elle d'une voix grave et triste,
ce n'est pas moi, je le sais, que vous vous attendiez
à trouver ici ; mais j'ai besoin d'avoir avec vous un
entretien sérieux. Vous avez jeté les yeux sur ma
sœur, et vous avez voulu profiter de sa jeunesse, de
son inexpérience pour l'entraîner à une démarche
qui l'aurait compromise et qui lui aurait enlevé le
seul bien qu'elle possède, sa réputation. Heureusement, la Providence n'a pas permis qu'elle tombât
dans le piége ; je l'en bénis du fond de l'âme, et,
aujourd'hui, je m'adresse à votre loyauté, à tout ce
qu'il y a en vous de délicatesse et de générosité,
pour vous prier de ne plus chercher à troubler le
repos de deux pauvres filles. Vous avez sans doute
une mère, une sœur que vous aimez ; c'est en leur
nom, monsieur, que je vous supplie d'avoir pitié de
nous. Mathilde est, du reste, bien déterminée à
rentrer en elle-même, car elle m'a tout dit, tout
avoué, et, en vous-tenant ce langage, je ne suis que
son interprète. Notre père était un artiste sans fortune, mais qui plaçait l'honneur plus haut que toutes
les choses de la terre ; c'est dans ces principes que
nous avons été élevées, et ma sœur ne pouvait longtemps l'oublier.

— Mais, mademoiselle, répondit Gustave, je n'ai

que de louables intentions ; ma conduite n'a rien qui puisse vous offenser. Je prévoyais mille obstacles à notre union, et en proposant à Mathilde de m'accompagner, je n'avais d'autre but que de parvenir à fléchir la volonté de ma mère.

— S'il en eût été ainsi, reprit avec fermeté mademoiselle Valmeire, c'est à moi que vous eussiez tout d'abord déclaré loyalement, ouvertement vos projets. Vous faites injure à madame votre mère en émettant l'idée qu'elle eût plus facilement accueilli pour sa fille une jeune personne qui eût commencé par trahir tous ses devoirs. J'ai maintenant, ajouta-t-elle, une restitution à vous faire ; reprenez ces bijoux, que Mathilde se repent d'avoir conservés un seul instant !

Et en disant ces mots, Fanny tendit l'écrin à Gustave. Celui-ci le prit sans essayer la moindre résistance, et bientôt il se leva pour s'éloigner ; ce qu'il fit sans trouver un mot de réponse, dominé qu'il était par une émotion dont il s'étonnait lui-même, et qu'avaient provoquée en lui les paroles si dignes de mademoiselle Valmeire.

Pendant cette petite scène, Mathilde était restée cachée dans un cabinet voisin. A peine M. de Tholberg eut-il disparu, qu'elle s'élança vers sa sœur, et lui pressant les mains avec effusion :

— Merci mille fois, chère Fanny, s'écria-t-elle, merci ; je sens maintenant combien j'étais crédule, combien j'étais coupable!... La vanité m'aveuglait ; maintenant je comprends que le monde est rempli de dangers pour une jeune fille pauvre, dont l'esprit est agité par d'ambitieux désirs. Je m'efforcerai de chérir le travail, de me résigner à la médiocrité, car je ne veux à aucun prix offenser Dieu et déshonorer le nom de mon père, ce nom que toi-même as si dignement porté. D'ailleurs, depuis que je suis coupable, j'ai tant souffert, j'ai éprouvé de si cruelles angoisses que je sens maintenant combien la paix de l'âme est un trésor précieux !

— Chère enfant, dit mademoiselle Valmeire avec effusion, j'ai foi dans la sincérité de tes résolutions ; mais un moyen d'y rester toujours fidèle, c'est, après avoir fait la paix avec Dieu, de m'accorder ta confiance tout entière.

— Pourrais-je y manquer? reprit Mathilde ; maintenant que je connais l'étendue de ton dévouement, je te promets de te prendre pour guide, et de n'avoir plus une seule pensée cachée pour toi.

Fanny pressa sa sœur dans ses bras, et la jeune fille resta longtemps ainsi la tête appuyée sur son épaule, semblable à une timide colombe cherchant un abri contre les serres du vautour.

Toutes deux ainsi réunies présentaient à la pensée un contraste saisissant. Fanny était la femme forte, héroïque, qui a appris de bonne heure à se dominer elle-même et lutte avec énergie contre les flots du malheur; Mathilde, faible jouet des vents et des tempêtes, s'enlaçait à elle pour se défendre contre la faiblesse de son propre cœur.

VI

Le dissipateur.

Pendant que s'accomplissaient ces divers incidents qui resserraient encore le lien d'amitié qui unissait les deux sœurs, Eveline se trouvait, elle aussi, aux prises avec de pénibles difficultés.

En la voyant s'unir à Maurice, M. Dableville avait caressé les plus brillantes espérances, et regardé cette union comme la réalisation de ses plus beaux rêves d'ambition. Elle devait cependant être pour la jeune femme la source d'amères douleurs.

M. Duverger père était un de ces hommes qui vivent sans Dieu, sans pratiques religieuses, sans nul souci de leur âme, et qui font consister le bonheur dans la possession des biens matériels. Il avait été en grande partie l'artisan de sa fortune, et, une fois arrivé au but de ses efforts, il n'avait songé qu'à se procurer des jouissances, à mener une large et facile existence.

Il était resté veuf de bonne heure avec son fils encore au berceau, qui n'avait jamais connu les caresses maternelles. L'enfance de Maurice avait été ainsi abandonnée à des soins mercenaires, sans qu'aucune influence douce et tendre vînt former son cœur, jeter dans son esprit ces germes précieux qui grandissent avec l'âge, se transforment en mâles vertus, et défendent l'homme et l'adolescent contre les écueils de la vie.

M. Duverger avait fait successivement parcourir à son fils toutes les classes d'un lycée; il avait acquitté exactement le prix de la pension, mais sans s'inquiéter nullement de la culture morale qu'il y recevait, sans veiller sur les tendances de son caractère; il avait cru accomplir ainsi, dans toute leur étendue, les devoirs de la tendresse paternelle.

Or, Maurice était né avec une nature ardente, un vif attrait pour le plaisir : à peine sa raison s'était-elle éveillée, qu'il avait entendu dans la maison de son père lancer des sarcasmes contre ce qu'il y a de plus de saint, de plus respectable; il avait entendu excuser le vice, railler la vertu; il avait vu sourire au récit des plus grand désordres.

Ces funestes enseignements avaient rapidement porté leurs fruits; aussi, son âme était déjà pervertie quand le moment vint pour lui de s'asseoir sur les bancs du collége. Il s'y était constamment signalé par son amour pour l'oisiveté, par son indiscipline, par le mauvais goût de son attitude et de son langage. L'étude lui apparaissait fade et rebutante, il ne pouvait comprendre ses douceurs calmes et silencieuses, et il n'avait même pas l'idée qu'on pût songer à se créer un avenir. Aussi se raillait-il de ceux de ses condisciples qui, pâlissant sur leurs auteurs grecs et latins, envisageaient de loin le diplôme de docteur ou la toge de magistrat.

Son père était riche, il le savait; la route s'étendait devant lui large et commode; avait-il besoin de s'initier aux secrets de la science, de lire dans leur langue originale Homère et Cicéron? Il n'aspirait qu'à mener une joyeuse existence, à donner un libre cours à tous ses penchants et ce fut avec ivresse qu'il vit arriver le moment où il allait jouir d'une entière liberté. Il s'empressa alors de réaliser le programme qu'il s'était tracé d'avance. Il se rangea parmi ces fanfarons de vice pour qui rien n'est sacré, et qui rougiraient même d'une action généreuse.

M. Duverger ferma d'abord les yeux sur les écarts de son fils; peu lui importait qu'il fût impie, libertin, joueur, qu'il consacrât ses jours et ses nuits à de coupables plaisirs. Lui aussi avait vécu sans croyances; il avait aimé les joies mondaines, mais au moins il avait su tenir dans un juste équilibre les affaires et les plaisirs, et jamais il n'avait perdu de vue le soin de ses intérêts. Il s'alarma quand il vit Maurice dissiper des sommes considérables, et se signaler par de ruineuses extravagances. Il voulut alors l'arrêter sur cette pente ; il lui parla le langage de la raison ; mais il était trop tard, l'impulsion était donnée, et la froide raison est impuissante devant l'entraînement de la passion. Maurice avait bu à longs traits à la source empoisonnée du vice ; il voulait jouir, jouir encore, et s'inquiétait peu des exhortations paternelles.

Quand le coffre-fort de son père se ferma pour lui, il eut recours à un usurier, à un de ces hommes avides, toujours disposés à prêter aux fils de famille de l'argent à de gros intérêts.

Si M. Duverger blâmait hautement son fils, il l'excusait intérieurement et riait même de ses fredaines.

— Bah ! bah ! se disait-il, ce sont là des péchés de jeunesse ; bien d'autres ont fait comme lui, et sont devenus plus tard des hommes rangés et raisonnables.

Cependant, quand il vit pleuvoir sur lui les réclamations des créanciers de Maurice, il imagina un moyen d'en finir, et, pour le détacher de ses compagnons de plaisir, il lui persuada d'entreprendre un long voyage, et s'engagea, à cette condition, à payer toutes ses dettes.

Maurice, vaincu par la nécessité, finit par céder ; il partit en compagnie d'un jeune homme un peu plus âgé que lui, qui possédait la confiance de son père, et devait lui servir de mentor. Tous deux parcoururent l'Italie, la Suisse, l'Allemagne, et leur absence dura près d'une année.

M. Duverger était très-satisfait de cette résolution et ne concevait plus d'alarmes.

— A son retour, disait-il, ses idées auront pris une autre direction ; nous le marierons ; il deviendra un bon père de famille, un bourgeois respectable, et s'il continue à aimer les plaisirs, ce sera dans de justes limites.

Ce fut précisément pendant l'absence de Maurice que la famille Dableville vint s'installer à Paris. M. Duverger fut frappé de la grâce, de l'aimable enjouement d'Eveline, et bientôt il jeta les yeux sur elle pour son fils, car elle lui paraissait très-propre à faire réussir ses vues à l'égard de Maurice, et les circonstances dans lesquelles il se trouvait placé le rendaient plus accommodant sur le chapitre de la dot.

— Cette jeune fille lui convient à merveille, se dit-il. Une femme mondaine et sans principes ne ferait que l'égarer davantage ; une personne d'une vertu trop austère le rebuterait, tandis que cette petite provinciale toute naïve, et encore imbue des préjugés de son enfance, mais qui ne le cède à aucune de nos parisiennes pour les agréments extérieurs, ne pourra que lui plaire et l'attirer ; elle réussira peut-être à lui rendre agréable les joies du foyer domestique?

On a vu avec quel empressement M. Dableville avait répondu aux ouvertures de son ami; il n'ignorait pas que Maurice avait eu une jeunesse quelque peu orageuse; la rumeur publique lui avait appris plus d'une de ses extravagances; mais, dans ses ardentes aspirations vers la richesse, il avait réussi à se faire illusion à lui-même, à se persuader qu'il n'y avait là rien d'inquiétant pour l'avenir de sa fille. Maurice voulait rompre avec le passé, renoncer à sa vie dissipée, cela suffisait au père d'Eveline, et le souvenir de quelques folies de jeunesse ne lui paraissait pas de nature à contrebalancer les brillants avantages que présentait ce mariage.

Quant au jeune Duverger, lorsque son père lui parla pour la première fois de l'union projetée, il se montra d'abord peu disposé à adopter cette idée. Il eût voulu conserver longtemps encore une entière liberté; mais la volonté de son père était formelle; il fallait y souscrire ou voir se fermer la bourse dans laquelle il avait puisé jusque-là.

La résistance de Maurice ne fut pas longue, et lorsqu'il eut été présenté à Eveline, il en fut enchanté; il comprit qu'il trouverait en elle une enfant souple, docile, aimable, qui n'entraverait en rien sa complète indépendance. Sans ombrage, sans défiance,

Eveline ne demandait qu'à être heureuse, à sourire à l'existence; elle ne démêla rien de ce qui se passait dans le cœur de son fiancé; elle le trouva spirituel, aimable, et n'entrevit que joies et bonheur dans l'union qui se présentait pour elle.

Après un voyage de quelques semaines qui ne furent qu'une suite d'enchantements pour la jeune femme avide de nouveautés et de distractions, les deux époux s'installèrent dans un élégant appartement de la rue Montmartre.

Eveline était rayonnante; elle se plut à prendre possession de sa nouvelle demeure, à jouer son rôle de maîtresse de maison. Bientôt, elle s'entoura d'un cercle de connaissances agréables, composé de jeunes femmes dont l'âge et les goûts étaient en rapport avec les siens, et auxquelles elle faisait les honneurs de son salon avec une grâce charmante.

On eût pu croire que le bonheur habitait dans cet intérieur embelli par les raffinements du luxe, et que d'ailleurs Eveline animait par sa gaîté et son folâtre enjouement. En-effet, elle se croyait heureuse, et ne se défiait point de l'avenir; mais si elle eût été plus clairvoyante, elle se fut alarmée des allures et des tendances du caractère de Maurice. Il déversait d'amères railleries sur les pieuses pratiques qu'Eveline avait conservées; il laissait souvent percer dans son langage le cynisme de ses pensées, et s'il la conduisait parfois à la promenade, au bois de Boulogne, aux lieux de réunion, il lui arrivait assez souvent de disposer de ses soirées, car il avait repris sa vie d'autrefois.

Il cachait encore sa dépravation sous des dehors aimables; il se faisait pardonner ses fréquentes absences par un redoublement de prévenances pour sa compagne. Jamais il ne manquait de lui offrir quelque présent délicieux à l'occasion de son anniversaire et de son jour de fête.

Peu initiée aux mystères du cœur humain, Eveline se laissait prendre facilement à ses faux semblants de tendresse, elle ne demandait d'ailleurs qu'à se laisser aveugler. Plusieurs années déjà s'était écoulées depuis son mariage qu'elle se disait encore avec complaisance :

— Mon mari m'aime comme aux premiers jours de notre union; j'aurais mauvaise grâce à exiger qu'il rompe complétement avec d'anciennes habitudes; il me sait gré de la liberté que je lui laisse et n'en a que plus d'attachement pour moi.

Elle s'endormait ainsi dans cette vie facile, bercée par de douces illusions, et elle n'apercevait point l'abîme qui se creusait sous ses pas. Elle avait reçu du ciel deux jolies petites filles, Louise et Valentine, qu'elle se plaisait déjà à parer des plus charmants atours, et dont la gentillesse la rendait fière.

Si M. Duverger avait vécu, il aurait peut-être réussi jusqu'à un certain point à opposer une digue aux folies de son fils; mais il était mort peu de temps après le mariage de Maurice, de sorte que celui-ci était resté seul maître de son patrimoine, sans qu'Eveline eut la pensée d'exercer un contrôle quelconque sur l'administration de sa fortune.

Il est vrai de dire que les deux époux montraient la même imprévoyance, car si Maurice prodiguait l'argent pour ses plaisirs, Eveline de son côté achetait de coûteuses bagatelles, faisait renouveler ses ameublements au gré de la mode, satisfaisait tous ses caprices, sans jamais consulter la voix de la raison, et sans que son mari s'y opposât.

La jeune femme n'était point susceptible du moindre effort de volonté; il n'y avait point dans sa vie frivole une seule minute pour la réflexion, et elle se fut alarmée à la seule pensée d'apporter à quelque chose une attention sérieuse et soutenue. Elle vivait complétement de cette vie factice à laquelle ne participe ni l'âme, ni l'intelligence, et qui énerve et amollit peu à peu ceux qui s'y abandonnent.

Un jour, M. Duverger se présenta à elle avec un air préoccupé qui ne lui était point ordinaire.

— Mon amie, lui dit-il, nous avons manqué de prudence, nous n'avons pas bien réglé le chiffre de nos dépenses, de sorte que nos revenus des années suivantes se trouvent quelque peu entamés ; si tu veux m'écouter quelques instants, je te ferai connaître où en sont nos affaires.

Eveline n'avait en ce moment qu'une préoccupation, c'était celle d'un billant concert où elle devait paraître le soir même avec une toilette délicieuse. En entendant son mari, elle se récria vivement, prétendant qu'elle ne connaissait rien aux chiffres ni aux additions, et qu'il ne lui faudrait pas longtemps arrêter ses idées sur de pareilles choses pour avoir les nerfs horriblement agacés, et se voir obligée de rester à la maison durant toute la journée.

Maurice s'y attendait, il n'en demanda pas davantage et se hâta de lui présenter un billet, au bas duquel il la pria d'apposer sa signature.

Sans comprendre la portée de cet acte, Eveline y consentit volontiers pour n'être point arrachée à son repos ; elle s'engagea même à n'en rien dire à son père, et elle était d'autant mieux disposée à garder sa promesse, qu'en lui révélant la vérité elle eût craint des discussions fatigantes.

M. Dableville, très-absorbé par le soin de ses affaires, et trompé par les apparences, ne connaissait qu'une faible partie des désordres de son gendre ; il ne soupçonnait point les brèches nombreuses faites à son patrimoine, ni l'imprudence commise par sa fille, qui avait rendu vaines les précautions que lui-même avait prises pour sauvegarder l'intégrité de sa dot.

Quant à Albert, il avait toujours eu peu de penchant pour Maurice, dont les goûts frivoles n'étaient nullement en rapport avec les siens ; il blâmait hautement son genre de vie, haussait les épaules quand il était témoin de ses prodigalités ; mais se préoccupait peu des conséquences qu'elles pouvaient entraîner, car Eveline était devenue pour lui presque une étrangère, et sa tendresse pour elle n'avait pas survécu à la ruine des sentiments affectueux qui remplissaient autrefois son cœur.

A mesure qu'il avait mieux connu Valérie Bordier, mieux apprécié les tendances de son caractère, son indifférence pour elle était peu à peu devenue de l'éloignement, et il n'y avait à son foyer ni échange d'affection, ni abandon, ni intimité. Sa compagne s'inquiétait peu de sa froideur ; elle ne sentait pas qu'un lien plus doux eût pu l'unir à Albert ; elle avait foi dans son génie financier, et n'ambitionnait ni sa confiance, ni son attachement. Elle se retranchait dans son individualité, et se complaisait dans les jouissances d'amour-propre que lui donnait sa situation de fortune.

Albert avait un fils, mais le sentiment paternel n'avait pas jeté de profondes racines dans le cœur de M. Dableville, et il n'accordait à cet enfant qu'un regard distrait, car il se lançait chaque jour davantage dans le fracas des affaires.

Eveline ne trouvait point une amie dans sa belle sœur ; il y avait entre elles peu de sympathie, car leurs natures étaient complétement différentes. Eveline était légère, il est vrai, tout était en elle spontané et irréfléchi ; mais son caractère était rempli de bienveillance, son cœur facilement accessible à la pitié, et elle était complétement incapable de ruse et de dissimulation ; souvent même, elle s'abandonnait aux élans les plus généreux.

Elle ne pratiquait point les devoirs de la charité d'une manière régulière, permanente, mais quand une infortune navrante s'offrait à sa vue, elle éprouvait le désir de la soulager. Ses aumônes, dont l'emploi n'était pas guidé par la prudence, se trouvaient souvent distribuées fort mal à propos. Valérie, dont les moindres actions étaient calculées d'avance, et qui fût resté insensible à la plainte la plus déchirante, blâmait son étourderie, sa prodigalité, son imprévoyance, tandis qu'Eveline s'étonnait de lui trouver une âme si sèche et si froide.

Les deux jeunes femmes n'avaient donc point de relations intimes, et ne se voyaient guère que dans des réunions d'apparat. Aussi madame Dableville était peut-être la dernière personne à qui Eveline eût voulu confier le secret de ses alarmes, lorsqu'il ne lui fut plus possible de s'illusionner sur le compte de son époux, car il en vint enfin à jeter le masque, à ne plus faire aucun effort pour dissimuler sa coupable conduite.

Quand un homme a complétement perdu le sentiment de ses devoirs et s'abandonne au dérèglement d'une nature corrompue, rien ne peut l'arrêter sur cette pente funeste, ni la pensée du malheur qu'il réserve à sa famille, ni la perspective d'une ruine imminente et complète pour lui et les siens.

Il jette ses dernières ressources au démon du jeu, il les offre en holocauste à d'infâmes passions. Ce ne sont point là de chimériques inventions écloses dans le cerveau des romanciers et des moralistes, mais des faits empruntés au domaine de la vie réelle. Combien n'est-il pas de fils de famille qui ont tout jeté dans le gouffre impur, fortune, santé, espérance d'avenir, et qui, après avoir débuté dans la vie sous les plus heureux auspices, ont terminé leurs jours dans la misère et la dégradation la plus profonde.

M. Duverger sentait un besoin continuel d'émotions violentes; il se glissait parmi des hommes suspects, dans ces réunions prohibées où l'or roule sur le tapis vert; il jouait avait passion, avec frénésie, car il sentait le besoin de s'étourdir lui-même, de fuir les souvenirs du passé.

Il descendait ainsi à grands pas l'échelle de la

dégradation, et l'on eût dit que la bassesse de ses goûts imprimait à son visage quelque chose de bas et de repoussant. Ce n'était plus là le beau, l'élégant jeune homme d'autrefois ; son visage était flétri, ses yeux égarés, sa mise négligée. Il ne connaissait point les tortures du remords ; mais la perte de sa fortune l'exaspérait, et, en voyant s'évanouir son opulence, il devenait cruel et méchant. Une sorte de brusquerie farouche avait remplacé l'affabilité qu'il mettait autrefois dans ses rapports avec sa jeune femme.

Celle-ci, arrachée par un triste réveil à tous ses rêves de bonheur, ne savait à quel sentiment s'abandonner. Parfois elle essayait de se rattacher aux pieuses croyances de son enfance ; mais, hélas ! depuis longtemps elle ne priait plus que des lèvres, aussi la prière ne lui apportait point force et consolation. Alors, la légèreté de sa nature l'emportait ; elle voulait chercher l'oubli de ses chagrins dans les réunions mondaines, dans le choix de ses parures. Cependant, les douces et graves leçons de sa mère avaient imprimé en elle un fonds d'honnêteté que le souffle du monde n'avait pu faire disparaître ; malgré les torts de Maurice, elle considérait comme sacré le lien qui l'unissait à lui, et si ses goûts étaient frivoles, si elle n'avait point assez de vertu pour supporter dignement son malheur, les maximes coupables qui avaient souvent retenti autour d'elle n'avaient point perverti son âme.

M. Dableville comprenait trop tard la faute irréparable qu'il avait commise en donnant la main de sa fille à Maurice Duverger, en ne comptant pour rien les inclinations de l'esprit et du cœur; mais, hélas! il était impuissant à dissiper les nuages qui obscurcissaient son horizon, et il n'était pas en son pouvoir d'arrêter son gendre sur la voie où il était entraîné.

Un jour que Maurice venait de dépenser dans une orgie ses dernières ressources, il conçut la pensée de contrefaire la signature de M. Dableville, et il y réussit habilement.

— Ce n'est point là un vol, se dit-il, c'est seulement anticiper sur l'héritage de mon beau père!....

Quand les billets revêtus de la fausse signature furent sur le point d'arriver à leur échéance, M. Duverger se présenta devant Eveline, et lui révéla la vérité.

— Vous le voyez, lui dit-il avec un sang-froid cynique, il dépend de votre père de m'envoyer à la cour d'assises, aux travaux forcés; pour moi, j'y suis résigné; mais quelle triste figure ferez-vous alors dans le monde, vous la femme d'un homme ainsi flétri!

Eveline frémit et sentit un frisson glacé parcourir

ses membres ; c'était là une étrange et horrible vision.
Sur-le-champ, elle courut chez son père, éplorée et
tremblante ; elle lui retraça en pleurant ce qu'elle
venait d'apprendre. M. Dableville fut terrifié, hors
de lui ; la somme qui allait lui être réclamée était
considérable. Deux sentiments divers se partagèrent
dans son cœur ; il lui en coûtait de faire un pareil
sacrifice pour son gendre ; mais sa fille lui était toujours bien chère, et il ne pouvait envisager sans
épouvante l'idée de voir divulguer publiquement la
honte de celui dont elle portait le nom. D'ailleurs,
il comprenait que le déshonneur de son gendre re-
tomberait sur son fils, sur lui-même, que le bruit
d'un procès scandaleux ébranlerait leur crédit à tous
deux ; il s'exécuta et consentit à taire la vérité.

Toutefois, M. Dableville eut avec Maurice un sérieux entretien ; il lui montra avec indignation les
terribles conséquences de ses égarements, et le me-
naça de l'abandonner désormais à sa malheureuse
destinée.

La vie commune était devenue insupportable pour
Eveline ; son père l'engagea à se séparer de son
mari, à venir le rejoindre. Elle se préparait à réaliser son projet, mais M. Duverger était à bout d'ex-
pédients ; il n'osait plus recommencer la coupable
manœuvre à laquelle il s'était livré, et qui pouvait
avoir pour lui de si graves résultats. Il feignit le

repentir, il exprima quelques regrets du passé ; il n'en fallait pas tant pour désarmer sa jeune femme. M. Dableville lui-même crut que décidément Maurice, rendu sage par la nécessité, allait revenir à d'autres habitudes, et il se dit que, pour éviter le scandale et les commentaires du public, une solution amiable était préférable encore à l'éclat d'une rupture.

Quand M. Duverger essaya de s'excuser, de se justifier devant lui en alléguant sa jeunesse, la fougue de son caractère, les entraînements qu'il avait rencontrés de toutes parts, M. Dableville lui fit sentir l'obligation où il était de recourir au travail, d'adopter un nouveau genre de vie, et il lui fit entrevoir qu'une réconciliation n'était possible qu'à ce prix.

Maurice parut disposé à s'y prêter de bonne grâce ; il protesta de sa ferme résolution de revenir à une existence simple, honnête et régulière. Il fut convenu que les deux époux quitteraient leur élégant logement pour habiter un modeste appartement, et M. Dableville chercha activement un emploi pour son gendre.

Ce n'était pas là chose facile ; car Maurice n'était nullement lettré, n'avait aucune connaissance en industrie, et ne pouvait non plus être chargé du soin d'une comptabilité. Comme il avait la parole facile, insinuante, M. Dableville obtint qu'un fabricant de

Saint-Quentin, qui était son ami, lui confiât le placement d'articles importants sortis de ses manufactures.

Tout parut aller bien pendant quelque temps ; Maurice, que son beau-père ne quittait guère, semblait avoir rompu avec le passé. Il consacrait plus de temps à sa famille, et avait complétement cessé de fréquenter les cercles dans lesquels il figurait autrefois. Il eût craint de rencontrer ses anciens amis, car il n'ignorait pas que s'ils l'avaient aidé à faire disparaître sa fortune, si ses vices trouvaient grâce devant eux, ils eussent raillé impitoyablement le travail auquel il avait consenti à se livrer.

Au lieu d'employer toute son énergie à soutenir son mari dans cette voie nouvelle, au lieu d'essayer de reprendre sur lui quelque ascendant à force de grandeur d'âme et de magnanimité, Eveline semblait se complaire à gémir sur son infortune, à déplorer son opulence perdue. Dans le fond du cœur, elle n'avait pas de ressentiment contre M. Duverger, et pourtant elle laissait souvent échapper devant lui des paroles amères qui l'exaspéraient, et creusaient plus profondément encore l'abîme qui les séparait l'un de l'autre.

Un jour, à la suite d'une scène violente, Maurice s'éloigna du logis sombre et irrité, et plusieurs jours s'écoulèrent sans que sa compagne le vît reparaître. Son angoisse était au comble, et les idées les plus sinistres se pressaient dans son esprit, quand enfin elle reçut une lettre de Londres, dont la suscription la fit tressaillir, car elle était de l'écriture de son mari.

« Eveline, lui disait-il, le malheur s'est attaché à moi ; vous le savez, j'avais formé les meilleures résolutions, et j'étais déterminé à soutenir une lutte de tous les instants contre mon goût pour le plaisir ; mais c'en est fait, le malheur l'emporte. Le jour où je vous ai quittée l'âme oppressée de tristesse, ma mauvaise étoile a placé sur mes pas un de mes compagnons d'autrefois qui m'a entraîné dans une maison de jeu. J'ai voulu chercher là l'oubli du passé comme je l'y avais souvent trouvé déjà. J'ai exposé des sommes considérables provenant de la vente de marchandises qui ne m'appartenaient point, et j'ai tout perdu. Je n'ai pas voulu reparaître devant vous, devant votre père, ni lui demander de nouveaux sacrifices ; voilà pourquoi j'ai pris la résolution de quitter Paris, de gagner l'Angleterre.

» Vous ne me reverrez sans doute jamais ; mais vous ne me regretterez pas, Eveline, car j'ai été votre mauvais génie, et c'est par moi que votre vie a été abreuvée d'amertumes. Quant à moi, j'ignore ce que l'avenir me réserve, mais que ma destinée s'accomplisse ! »

En parcourant cette lettre, la jeune femme se sentit défaillir ; elle était accablée par ce nouveau coup. C'en était fait ; elle n'avait plus d'époux, ses enfants n'avaient plus de père, et c'était Maurice lui-même qui avait ainsi violemment brisé, anéanti les derniers liens qui l'attachaient encore à sa famille.

Plusieurs heures s'écoulèrent avant qu'Eveline pût recouvrer son sang-froid, et se rendre un compte exact de sa situation. Quand le calme fut un peu revenu dans son cœur, elle se rendit chez son père, et lui communiqua l'étrange missive qu'elle venait de recevoir.

M. Dableville comprit tout sur-le-champ ; il devina que la prétendue perte faite par Maurice était imaginaire, et qu'il n'avait été entraîné que par le désir de recouvrer une entière liberté, de rompre avec une vie qui lui pesait. M. Dableville s'était porté garant pour son gendre ; il ne lui restait qu'à s'exécuter, à désintéresser celui à qui appartenaient les marchandises, dont M. Duverger avait détourné le prix à son profit.

Ce ne fut pas sans un violent effort qu'il accomplit ce nouveau sacrifice, et, à peu près dans le même moment, une perte considérable vint le frapper, par suite d'une faillite qu'il aurait pu facilement prévoir, s'il avait été moins absorbé par les affaires de son gendre.

Malgré ses efforts désespérés, M. Dableville n'avait

pu ensevelir dans le silence les torts du coupable Maurice; sa disparition avait fait beaucoup de bruit, et, dans un grand nombre de sociétés, elle servait d'aliment à la malignité, et de texte aux conjectures les plus blessantes.

Frappé ainsi à la fois dans son honneur, dans ses affections les plus chères et dans ses intérêts matériels, le père d'Eveline sentit toute son énergie l'abandonner, et il tomba dans une prostration profonde en voyant s'écrouler le brillant édifice de sa fortune. Il ne songea point à faire de nouvelles tentatives pour réparer ses désastres; il en était complétement incapable, car toute son activité avait disparu.

Il vendit quelques immeubles qu'il possédait encore, et réalisa un modeste capital dont le revenu pouvait à peine suffire à son existence, à celle de sa fille et de ses enfants.

Il ne fallut que quelques semaines pour opérer en M. Dableville cette transformation que d'ordinaire de longues années peuvent seules accomplir. Ses cheveux blanchirent, sa taille se courba, et en même temps que ses forces physiques l'abandonnaient, tous les ressorts de son intelligence s'affaiblirent.

Quant à Albert, il avait entièrement séparé ses intérêts de ceux de son père; il était devenu le principal actionnaire et le gérant d'une compagnie importante.

Un jour qu'il était dans son bureau occupé à aligner des chiffres et à compulser des registres, il vit paraître M. Dableville pâle, soucieux et abattu.

A cet aspect, le frère d'Eveline resta froid et silencieux ; depuis la catastrophe qui avait frappé son père et sa sœur, il s'était tenu constamment à l'écart ; et cette visite lui faisait présager quelque demande d'argent qu'il était bien déterminé à refuser.

— Mon ami, dit M. Dableville en s'asseyant auprès de lui, je suis bien malheureux !

— J'avais prévu tous ces événements, répondit Albert avec calme ; Maurice était un dissipateur, un libertin éhonté ; Eveline a agi sans réflexion ; elle n'a rien fait pour retenir son mari sur les bords de l'abîme. Je déplore ces événements, mais la moindre prudence aurait suffi pour les éviter.

— Ma pauvre fille n'en est pas moins la victime, et la victime innocente ! reprit M. Dableville. Ce n'est point sa faute à elle si j'ai donné sa main à un étourdi sans mœurs et sans principes. Quoi que tu prétendes, il était naturel qu'elle s'entourât de l'opulence qui convenait à son rang, et il n'était point en son pouvoir de donner une autre direction aux idées de M. Duverger. Si j'étais riche encore, elle n'aurait point à redouter les étreintes de la gêne ; mais je frémis en songeant à l'avenir qui lui est réservé. Je ne me sens pas le courage de tenter de nouveau la fortune, je n'aspire qu'après le repos ; je me propose d'aller vivre avec Eveline dans quelque campagne retirée, car la médiocrité de nos ressources ne nous permet pas de continuer d'habiter Paris, et d'ailleurs elle a hâte de quitter cette ville dont le séjour lui est devenu insupportable depuis les malheurs qui l'ont frappée. Toutefois, avant de m'éloigner, j'ai une prière à t'adresser. Eveline est accablée sous le poids de ses chagrins ; elle est souffrante, désespérée ; elle n'est plus que l'ombre d'elle-même, et n'a pas assez d'énergie pour s'occuper de ses enfants. Or, Louise et Valentine sont en âge de commencer leurs études ; je compte bien que tu ne refuseras pas de les prendre sous ta protection, de faire les frais nécessaires pour les placer dans une maison d'éducation.

A ces mots, la physionomie d'Albert s'assombrit ; mais il ne parut pas y avoir dans son esprit un moment d'hésitation.

— Je regrette de vous refuser, mon père, dit-il vivement ; mais je ne puis rien, absolument rien pour Eveline. Si je prenais l'engagement que vous me demandez, ce serait évidemment pour de longues années ; mais ce n'est pas là encore ce qui m'arrête. Eveline croirait alors pouvoir disposer de ma fortune ; elle recommencerait ses dépenses imprévoyantes en s'abandonnant à l'idée de pouvoir toujours recourir à ma bourse quand elle aurait épuisé ses dernières ressources. Je doute fort que les leçons de l'adversité lui soient bien profitables, et, à coup sûr, elle ne le seront que si elle est bien convaincue qu'elle ne peut compter que sur elle-même.

— Hé quoi! tu me refuses? dit M. Dableville avec accablement, et pourtant tu es dans la prospérité la plus grande! ce ne serait là pour toi qu'une obole, une misère; ah! je ne puis en croire le témoignage de mes sens.

— Mon père, répondit sèchement Albert, au lieu de faire des largesses en faveur d'Eveline, j'aurais le droit de me plaindre de ce que vous avez sacrifié pour elle une bonne partie de votre fortune.

— Tu le sais aussi bien que moi, s'écria M. Dableville, si j'ai tout fait pour tenir dans l'ombre les fautes, les désordres de Maurice, c'était surtout pour éviter un éclat qui eût principalement rejailli sur toi, et qui eût nui considérablement à ton crédit.

— Je ne blâme pas votre manière d'agir; mais, dans de semblables circonstances, je trouve que ma conduite est toute naturelle, et n'a rien qui doive vous étonner.

Ces paroles tombaient l'une après l'autre sur l'âme ulcérée de M. Dableville, et l'indignaient profondément. Il sentit bientôt lui échapper la patience qu'il s'était d'abord imposée, et d'une voix altérée :

— Malheureux! reprit-il, tout sentiment d'humanité est donc éteint en toi? Tu ne vois plus qu'une étrangère dans cette sœur dont tu as partagé les premiers jeux, et que, dans ton enfance, tu te plaisais à entourer de si tendres soins! Maintenant que le malheur la frappe, tu la repousses loin de toi, elle et ses enfants, et tu refuses même de partager avec eux une faible partie de ton superflu. Que dirait ta mère si tout à coup elle apparaissait en ce moment devant toi, ta mère dont l'âme était si sensible, qui s'applaudissait tant de tes généreuses qualités, et qui vous confondait, ta sœur et toi, dans sa vive affection?

Albert resta un moment silencieux; on eût dit que ce nom vénéré avait remué en lui quelque chose. Toutefois, ce ne fut là qu'une émotion passagère, et bientôt un sourire amer contracta ses lèvres.

— Mon bon père, reprit-il, j'ai conservé un culte respectueux pour la mémoire de ma mère; c'est là un sentiment qui a survécu a beaucoup d'autres; car, ainsi que vous le dites, je suis changé, bien changé... Mais devez-vous vous en étonner? Interrogez, je vous prie, vos souvenirs.... Vous m'avez détourné d'un mariage qui eût fait mon bonheur... Vous avez ouvert à mes pensées de nouveaux horizons, vous avez allumé en moi la soif de l'or. Guidé par vous, je n'ai, dans le choix de ma compagne, écouté que la voix de l'intérêt, j'ai associé à ma destinée une femme pour laquelle je ne puis avoir que de l'éloignement. J'ai renoncé à toutes les joies du cœur pour consumer les heures de ma vie dans un travail aride dont le but unique est d'augmenter mes richesses. Pourquoi venez-vous donc aujourd'hui me parler de sacrifice, de désintéressement?

En écoutant son fils, M. Dableville courbait la tête comme un criminel sous la parole austère du juge qui proclame sa sentence. Semblable à un démolisseur enseveli sous les pierres qu'il vient de détacher, il comprenait que lui-même avait sapé dans le cœur d'Albert tout dévouement, toute générosité, et il entrevoyait avec une morne tristesse que son fils était à jamais perdu pour lui.

Il se leva avec découragement, et s'éloigna sans ajouter un mot; pour rien au monde, il n'eût voulu faire au frère d'Eveline un nouvel appel, car il était convaincu qu'il le tenterait vainement.

Madame Duverger avait hâte de quitter Paris; elle réunit tout son courage pour faire ses préparatifs de départ, et, peu de temps après, le vieillard et sa fille, ainsi que Louise et Valentine, se trouvaient installés dans une modeste maison d'un petit village des environs de Beauvais qu'ils avaient choisi à dessein pour y vivre dans une complète solitude, car ils n'avaient fait part du lieu de leur retraite à aucun de ceux qui les avaient connus autrefois.

Depuis l'époque de son infortune, Eveline avait éprouvé de pénibles déceptions qui lui avaient donné la triste connaissance du cœur humain qu'elle n'avait point possédée jusqu'alors. Au temps de sa propérité, elle avait ajouté un entière confiance aux protestations des femmes qui se disaient ses amies, assistaient à ses fêtes, recevaient chez elle une hospitalité large et généreuse ; or, de cruelles expériences lui avaient révélé qu'il ne s'en trouvait pas une parmi elles qui lui fût dévouée, pas une dont l'attachement fût sincère et profond. Elle savait que si quelques-unes lui avaient témoigné une compassion plutôt feinte que réelle, la plupart des autres n'avaient eu pour son malheur que des paroles de blâme ou d'ironie, et avaient même essayé de déverser sur elle le poison de la calomnie.

Aussi elle n'éprouvait plus que de l'éloignement pour le monde, pour la société ; il lui semblait qu'elle ne trouverait nulle part une solitude assez profonde pour s'y ensevelir ; mais à peine la jeune femme eut-elle pris possession de sa nouvelle habitation, que l'ennui s'empara d'elle.

Eveline ne pouvait trouver en elle-même des ressources pour supporter l'isolement ; elle s'était fait un besoin d'une vie de plaisirs, d'agitations continuelles ; jamais elle n'avait envisagé le côté sérieux de l'existence ; aussi elle s'affaissa bientôt sous le poids de l'adversité.

Madame Duverger n'avait pas cette foi profonde qui élève l'âme et les pensées au-dessus des choses de la terre ; tout était autour d'elle ombre et tristesse. C'est en vain qu'elle interrogeait les différents points de l'horizon ; elle ne trouvait pas une lueur qui vint éclairer sa marche. Elle s'abandonnait donc tout entière au sentiment amer qui l'accablait, et n'essayait pas même de cacher à M. Dableville sa douleur et ses regrets.

VII

Un rapprochement imprévu.

La nuit enveloppait de ses ténèbres la ville d'Amsterdam, nuit d'hiver froide, sombre et triste. Dans les rues, sur les places publiques la lueur du gaz avait succédé à la brillante clarté du jour, et, à part quelques habitations où l'on se livrait avec ardeur au plaisir, tout était devenu dans la grande cité repos et silence.

Une vaste et élégante maison, située dans un des quartiers aristocratiques de la ville, se trouvait plongée dans l'obscurité, à l'exception des fenêtres d'un appartement du premier étage. Toutefois, si la lumière y brillait encore, ce n'était pas pour offrir aux regards les images énivrantes du plaisir, mais pour éclairer un douloureux spectacle.

Une femme d'un âge mûr, richement vêtue, et dont le visage portait la trace de larmes récentes, était assise auprès d'un lit où se trouvait couché un jeune homme pâle, amaigri, les yeux animés par la fièvre, et qui n'était autre que Gustave de Tholberg. La maladie avait imprimé ses ravages sur toute sa personne, et l'on eût eu peine à reconnaître en lui le jeune homme naguère si brillant de santé.

Fils unique d'une mère dont il était l'idole, Gustave avait reçu en partage les dons les plus heureux de la nature et de la fortune, une intelligence vive et prompte, une âme sensible et généreuse; malheureusement ses belles facultés s'étaient émoussées au sein d'une vie molle et oisive; l'adulation dont il avait été entouré par madame de Tholberg, l'avait accoutumé à ne consulter d'autre loi que son bon plaisir, à s'abandonner sans réflexion à l'impulsion du moment, de sorte que sans être corrompu il avait oublié ses devoirs de chrétien, d'homme d'honneur, pour dissiper follement, au sein des plaisirs, les jours de sa jeunesse.

Il réservait la sagesse, la prudence pour l'automne de sa vie, comme s'il lui appartenait à lui, faible créature, de disposer ainsi de l'avenir, comme si le maître des destinées humaines ne frappait point trop souvent, hélas! de ces coups terribles qui avertissent l'homme de la fragilité de son existence.

Un jour, au retour d'une partie de chasse qu'il avait faite gaîment avec quelques amis de son âge, le malheureux Gustave fut atteint d'un malaise subit qui n'était que l'avant-coureur d'une fièvre ardente. Les efforts de la science triomphèrent de la violence du mal; mais sa convalescence fut longue, pénible, et finit par dégénérer en un état de langueur qui alarma cruellement sa mère.

Les médecins lui conseillèrent la douce température du Midi, et madame de Tholberg partit avec lui pour Nice, la ville privilégiée qui ne connaît point les âpres rigueurs des hivers de nos climats. Mais ni la beauté de son ciel toujours pur, ni ses brises molles et parfumées ne pouvaient ranimer la vie qui s'éteignait dans le jeune malade, et les jours, les mois s'écoulèrent sans qu'il reprit ses forces et sa vigueur.

C'est en vain que les contrées étrangères étalent à nos yeux leurs splendeurs et se parent des plus ravissants attraits, la terre natale n'en conserve pas moins pour nous des charmes irrésistibles ; aussi M. de Tholberg sentit bientôt le désir de revoir la Hollande, de se retrouver à Amsterdam.

Il y était revenu depuis quelques semaines, le jour où nous le retrouvons étendu sur son lit de douleur. Madame de Tholberg avait suivi avec effroi les progrès du mal ; elle eût donné sa fortune entière pour arracher à la mort ce fils qu'elle aimait sans partage, et qui, depuis son berceau, était l'objet de toute sa sollicitude ; mais l'espoir allait s'éteignant chaque jour dans son âme. Gustave lui-même semblait comprendre que le terme de ses jours était marqué; on eût dit qu'au moment d'atteindre cet instant solennel, il se recueillait en lui-même et ne donnait accès dans son esprit qu'à des pensées graves et sérieuses.

Gustave, ainsi que sa mère, appartenait à la religion catholique, mais, au milieu de sa vie dissipée, il en avait souvent négligé les pratiques et oublié les pieux enseignements. Or, depuis qu'il avait été frappé par la maladie, il avait eu plusieurs entretiens avec un pieux ecclésiastique rempli de zèle et de charité, qui avait rallumé en lui la flamme pure de la foi et réveillé dans son âme cette espérance sublime qui aide l'homme sur le bord de la tombe à se détacher des liens terrestres.

Madame de Tholberg et son fils étaient depuis quelque temps auprès l'un de l'autre, sans qu'aucune parole s'échappât de leurs lèvres.

Ce fut Gustave qui rompit le premier ce morne et triste silence; il pressa la main de madame de Tholberg, et d'une voix altérée :

— Ma mère, lui dit-il, depuis que la souffrance a enlevé à mon corps son activité d'autrefois, j'ai longuement médité, réfléchi, et souvent j'ai jeté un regard de regret sur les erreurs de ma jeunesse; je sens que j'aurais dû en faire un emploi plus utile, plus digne aux yeux de Dieu. Il est surtout une faute que je me reproche avec amertume, quoiqu'elle n'ait point eu les conséquences funestes qu'elle aurait pu entraîner.

Et il fit à sa mère le récit des coupables manœuvres par lesquelles il avait espéré faire sortir Mathilde du chemin de la vertu.

— Je forme un vœu en ce moment, ajouta-t-il ; si votre fils vous est enlevé, ô ma mère, je vous supplie de répandre vos bienfaits sur Mathilde et de réparer ma mauvaise conduite à son égard.

Madame de Tholberg tressaillit.

— Mon cher Gustave ! s'écria-t-elle, ne parle pas ainsi ; tu est jeune, tu vivras ; la nature a des ressources inouïes, et puis, vois-tu, le Ciel que j'implore avec ardeur exaucera mes prières.

— Dieu vous entende ! dit le jeune homme d'une voix faible ; mais, quoi qu'il arrive, souvenez-vous de ce que je viens de vous dire, et songez à Mathilde Valmeire.

— Valmeire ! répéta madame de Tholberg avec un mouvement de surprise.

— Hé quoi ! la connaîtriez-vous aussi ? l'auriez-vous déjà vue ?

— Je ne la connais pas personnellement ; mais si tu avais causé la perte de sa réputation, je ne m'en consolerais pas, car j'ai eu envers sa famille des torts bien graves ; aussi, à mon tour, je vais tout t'avouer.

« Tu sais que j'ai perdu mes parents de bonne heure, et que j'ai été élevée avec une de mes cousines par les soins d'une tante dont la fortune était considérable. Ma jeune parente et moi nous ne possédions presque rien ; mais l'héritage de notre protectrice qui n'avait pas d'enfant devait nous assurer une belle position dans la société. Isabelle, ainsi se nommait ma cousine, était bonne et sensible ; mais elle avait l'imagination exaltée, enthousiaste, et pendant un séjour de quelques semaines que nous fîmes aux eaux de Wiesbaden, elle rencontra un jeune peintre de talent qui, charmé de sa beauté, de sa distinction, conçut le désir d'en faire sa compagne, et se hasarda à demander sa main à notre tante.

» Il n'était autre que M. Valmeire, et tout en lui inspirait la confiance ; ses mœurs étaient irréprochables, et sa belle physionomie portait l'empreinte de la droiture de son caractère. Il n'avait point encore conquis un nom parmi les maîtres de l'art ; mais il possédait une certaine réputation, et paraissait rempli de courage et d'ardeur.

» Ma tante se récria à l'idée de voir Isabelle partager l'existence précaire, incertaine d'un artiste ; elle avait entrevu pour sa fille adoptive de plus brillants partis. Aussi elle s'opposa autant qu'elle put à une semblable union, et protesta qu'elle ne pardonnerait pas à Isabelle, qu'elle ne la reverrait jamais, et ne s'occuperait plus de son avenir. Elle finit toutefois par accorder son consentement, et, bien que le souvenir d'Isabelle lui restât au fond du cœur, elle feignit de n'y plus songer, et affecta de ne

jamais en parler; bientôt elle me dota généreuse-
ment, et me fit épouser ton père qui appartenait à
une famille très-considérée du pays.

» Plusieurs années s'étaient écoulées déjà depuis
le mariage d'Isabelle; le ressentiment de ma tante
avait persisté; jamais elle n'avait voulu la revoir, et
maintes fois elle m'avait déclaré qu'elle me ferait son
unique héritière. Quand elle fut atteinte de la maladie qui devait la conduire au tombeau, je ne m'éloignai point d'elle un seul instant.

» Isabelle qui jusque là s'était tenue dans une
prudente réserve, essaya alors de parvenir jusqu'à
notre tante, de lui présenter son enfant dont la vue
l'eût peut-être attendrie. Feignant d'embrasser la
cause de ma protectrice, j'avais rompu toutes relations avec ma cousine depuis son mariage ; elle eut
cependant la pensée de s'adresser à moi en évoquant
le souvenir de notre ancienne amitié. « Ce qui me
navre de douleur, disait-elle, c'est de n'avoir pas
reçu la bénédiction de celle qui m'a tenu lieu de
mère; je demande seulement son pardon, et ma
démarche n'a aucun motif intéressé, car je ne ré-
clame pas la moindre part dans ses richesses. Mon
mari travaille avec énergie; il ne m'a pas été possible
de douter un seul instant de son attachement pour
moi ; aussi je serais heureuse si je n'étais poursuivie
par le souvenir de l'inimitié d'une parente que j'aime,

dont j'apprécie les bienfaits, et qui, hélas! peut-croire à mon ingratitude, tandis que je donnerais tout au monde pour lui prodiguer mes soins, pour la rappeler à la santé. »

» Isabelle avait trop présumé de ma générosité; non-seulement je ne me prêtai nullement à ménager ce rapprochement qu'elle désirait, mais je veillai avec soin à ce qu'elle ne put avoir aucun accès auprès de ma tante. J'étais mère déjà; j'ambitionnais pour toi de grandes richesses ; or, je craignais que si ma tante revoyait Isabelle et lui donnait le baiser de paix, elle ne partageât son héritage entre elle et moi. Ma cousine, vivement froissée de cette manière d'agir, renferma en elle-même sa douleur, son indignation, et ne chercha plus à se rapprocher de moi. Dès lors elle cessa de me donner signe de vie, et moi, de mon côté, je ne m'inquiétai point de savoir ce qu'elle était devenue. Je m'efforçai de ne plus songer à elle, car je ne pouvais y penser sans éprouver quelque chose comme un remords. Heureuse entre mon mari et mon fils, je réussis facilement à éloigner cet importun souvenir au milieu des agréments qui remplisaient ma vie. C'est aujourd'hui la première fois où, depuis cette époque lointaine, j'entends prononcer son nom devant moi ; ce soir seulement j'ai appris qu'elle n'existe plus. Ah! mon pauvre Gustave, nous réparerons ma faute et la tienne, nous rendrons aux demoiselles Valmeire l'aisance qui devait être le partage de leurs parents, et je verrais avec plaisir une alliance entre Mathilde et toi ! »

Un sourire doux et triste éclaira les lèvres décolorées du malade ; il attacha sur sa mère un regard dans lequel il semblait vouloir lui faire lire sa tendresse et sa reconnaissance, puis il ferma les yeux et ne tarda pas à s'assoupir, fatigué qu'il était sans doute d'un si long entretien et épuisé par les émotions qu'il lui avait fait éprouver.

Madame de Tholberg s'agenouilla auprès de son lit, absorbée dans une douloureuse contemplation ; on eût dit qu'elle voulait imprimer dans sa mémoire les traits de ce visage d'où elle tremblait de voir la vie disparaître pour toujours. Si quelqu'un l'eût aperçue dans cette attitude morne et découragée, il n'eût pu certes reconnaître en elle la femme altière et impérieuse qui, peu de temps auparavant, étalait avec complaisance son orgueilleuse prospérité et semblait défier le malheur.

Madame de Tholberg s'était consolée assez facilement d'un veuvage prématuré, et elle avait joui largement des biens que la nature lui avait départis, concentrant sur son fils unique tout ce qu'il y avait en elle de sentiments affectueux.

L'amour maternel avait tout absorbé dans son cœur ; elle se complaisait dans la pensée de l'avenir riant et facile qui s'offrait pour Gustave ; peu lui importait le reste de l'univers, pourvu que son fils eût en partage la richesse et le bonheur. La pensée de ceux qui souffrent eût été pour elle importune et désagréable, aussi l'éloignait-elle de son esprit pour savourer sans trouble, sans arrière-pensée les joies qui parsemaient son existence.

Depuis qu'elle voyait menacé par la mort ce fils en qui se résumait toutes ses espérances, son âme, jusque-là froide et insensible, s'était amollie peu à peu sous l'action de la douleur ; elle ressentait pour ses semblables une pitié, une compassion qu'elle n'avait jamais éprouvée. Il lui semblait que pour obtenir miséricorde, elle devait être miséricordieuse elle-même ; aussi, en demandant à Dieu comme une grâce suprême la vie de son enfant, elle se promettait d'être une mère pour les filles de la pauvre Isabelle.

Hélas ! sa prière ne devait point être exaucée ; la Providence en avait décidé autrement : trois mois plus tard, Gustave avait pour toujours quitté la terre, et madame de Tholberg errait abattue et désespérée dans son élégante habitation, où jamais elle ne devait revoir celui qui l'animait autrefois par sa présence.

Madame de Tholberg était riche ; elle appartenait par ses relations à la meilleure société d'Amsterdam ; aussi depuis le moment douloureux où elle avait pressé pour la dernière fois la main refroidie de son fils, bien des amis avaient essayé de lui adresser quelques consolations ; mais elle sentait qu'il n'y avait pas un seul de ces cœurs où sa douleur trouvât un écho ; il lui semblait voir parfois l'indifférence se cacher sous des larmes feintes, et, malgré la présence de ceux qui l'entouraient, elle se trouvait seule, bien seule dans la vie.

Au sein de sa tristesse et de son isolement, elle reporta sa pensée vers les demoiselles Valmeire, et elle conçut le désir de les voir, de se rapprocher d'elles. Lorsque quelques semaines se furent écoulées après la mort du jeune de Tholberg, et eurent permis à sa mère de revêtir d'une apparence de résignation le deuil éternel de son âme, elle résolut de ne pas tarder plus longtemps à accomplir la démarche qu'elle s'était promis de faire, car elle ne voulait pas se contenter de leur écrire ; elle se proposait d'aller les surprendre, d'avoir avec elles une entrevue pour pouvoir ainsi porter un jugement sur leurs habitudes, sur leur manière de vivre.

C'était vers la fin du jour ; les deux sœurs se trouvaient dans l'atelier de Fanny, et examinaient ensemble un tableau que celle-ci venait de terminer.

C'était une toile charmante représentant une jeune mère souriant aux jeux de ses deux enfants qui, placés à ses pieds, venaient de terminer une guirlande de fleurs. Mademoiselle Valmeire avait su rendre avec une rare délicatesse tous les détails de cette scène naïve ; elle avait donné un charme exquis à la physionomie de tous les personnages, et leur avait en quelque sorte communiqué le mouvement et la vie.

Une joie pure éclairait son doux visage, et elle contemplait son œuvre avec un légitime orgueil, tandis que Mathilde, debout à ses côtés, lui disait gaîment :

— Que cette peinture est jolie ! rien n'est plus ravissant que la tête de cette jeune femme ; comme le bonheur brille sur son visage ! Tu t'es vraiment surpassée, chère Fanny, car jamais tu n'as rien fait de mieux.

A ce moment, elles entendirent un pas dans l'escalier qui conduisait à leur appartement, puis une voix inconnue qui prononçait leurs noms.

Mathilde s'avança vers la porte, et se trouva en présence d'une dame enveloppée dans des vêtements de deuil, qui lui demanda si elle n'était point mademoiselle Valmeire.

— Oui, madame, répondit la jeune fille.

Et elle introduisit l'étrangère dans l'atelier. Fanny à son tour s'avança au-devant d'elle et lui offrit un siége.

Celle-ci fixa sur les deux sœurs un regard profond, et garda quelque temps le silence ; elle essayait en vain de commander à son émotion, et semblait en proie à une vive agitation. Enfin elle parut faire un effort sur elle-même, et avec l'accent de la bienveillance :

— Mes enfants, leur dit-elle, vous vous demandez sans doute qui je suis, et quel est le but de ma présence ici, eh bien ! je vais sur-le-champ vous l'apprendre.

« Je ne sais si votre mère vous a entretenues déjà des événements de sa jeunesse ; vous ne savez peut-être pas qu'elle fut élevée par une tante opulente qui, lors de son mariage avec votre père, lui retira son amitié. J'étais sa cousine, son amie, et, je dois l'avouer, je ne montrai point de grandeur d'âme dans cette circonstance, car je ne négligeai rien pour empêcher un rapprochement entre notre parente et elle.

» Je recueillis donc seule l'héritage que nous eussions dû partager, et, dans mon égoïsme maternel, je me félicitai de voir ainsi s'augmenter la fortune de mon fils. Hélas ! Dieu m'a puni ; il m'a enlevé le fils qui faisait ma joie, et pour qui seul j'avais ambitionné la richesse avec tant d'ardeur. »

En disant ces mots, elle laissa échapper les larmes que, jusque là, elle avait réussi à comprimer ; puis elle ajouta d'une voix brisée :

— Maintenant je n'ai plus de famille, je suis seule au monde ; voulez-vous devenir mes enfants ?

La surprise de Fanny et de Mathilde était à son comble; elles avaient entendu parler vaguement des circonstances qui avaient accompagné le mariage de leur mère; mais ni monsieur ni madame Valmeire ne les avait entretenues de leur cousine; il eût sans doute été pénible pour eux d'évoquer le souvenir d'une parente qui les avait traités avec une si dédaigneuse indifférence; aussi les deux sœurs ignoraient-elles jusqu'à son existence.

Sa visite et les paroles qu'elle venait de leur adresser produisirent donc sur elles une étrange impression; toutefois elles voyaient couler ses larmes, elles la voyaient triste et malheureuse; c'en était assez pour qu'elles se sentissent vivement émues, et Fanny reprit avec attendrissement :

— C'est un grand titre à notre amitié, madame, que d'être la parente de notre bonne mère; vous vous exagérez sans doute vos torts à son égard, et d'ailleurs vous les avouez si noblement que nous devons les oublier, quels qu'ils soient; et si notre attachement peut adoucir vos douleurs, soyez persuadée que nous sommes disposées à vous aimer.

— Merci de vos bonnes paroles, reprit madame de Tholberg; elles me font du bien et soulagent mon âme oppressée.

Puis elle ajouta en couvrant Mathilde du regard :

— Il me semble, chère enfant, voir Isabelle

revivre sous vos traits ; c'est bien là son profil si pur, son regard si plein à la fois de douceur et d'éclat. Je la retrouve en vous ; l'illusion ne saurait être plus parfaite, aussi votre vue me reporte vers les jours de ma jeunesse. Si plus tard nous avons été séparées dans la vie, ma cousine et moi, nous nous aimions bien alors ; nous étions toutes deux insouciantes et folâtres.....

« Je n'ai pas tout dit encore, continua-t-elle en pressant la main de la jeune fille, vous ne savez pas que le fils que je pleure n'était autre que Gustave de Tholberg..... »

A ces mots, Mathilde fit un mouvement et cacha son visage dans ses mains ; elle ne pouvait sans rougir se rappeler combien elle avait été coupable ; et d'ailleurs il y avait quelque chose de saisissant dans la révélation qui venait de lui être faite d'une manière si imprévue ; elle avait peine à croire que la mort eût brisé déjà la carrière de Gustave.

— Je n'ignore rien de ce qui s'est passé, continua madame de Tholberg ; je sais comment vous avez connu mon pauvre fils, je sais tous ses torts envers vous. Il n'était ni méchant ni pervers, mais seulement égaré par les passions. Sa mort a été pieuse, édifiante, et, dans les derniers moments de sa maladie, il se repentait de vous avoir offensée, et si je viens en ce moment vous supplier d'accepter ma protection, c'est pour obéir à sa volonté, autant que pour céder à une inspiration de mon propre cœur.

La jeune fille était rêveuse et pensive, des idées mélancoliques oppressaient son âme. Tout ce qu'elle venait d'entendre produisait sur elle une étrange et douloureuse impression. En songeant à la mort prématurée de Gustave, qu'elle avait vu peu de temps auparavant si rempli de force, de vigueur et d'avenir, elle sentait plus vivement encore le néant de toutes les choses d'ici-bas.

Madame de Tholberg prolongea pendant plusieurs heures sa visite; elle trouvait un charme ineffable à s'entretenir avec les deux sœurs, elle se plaisait à les interroger sur les événements de leur existence; elle s'étonnait du courage, de la force d'âme dont Fanny avait fait preuve; elle était touchée de la douceur calme et résignée qui se manifestait dans tous ses discours. Il lui en eût coûté beaucoup si elle avait dû se séparer pour toujours de ses jeunes parentes; il lui semblait que leur présence seule pourrait quelque peu combler le vide cruel que faisait autour d'elle la mort de son fils.

Les jours suivants, madame de Tholberg revit plusieurs fois les filles d'Isabelle; elle se persuada de plus en plus que si la gracieuse affabilité de leurs manières prévenait dès l'abord en leur faveur, elles possédaient également les qualités les plus solides de l'esprit et du cœur. D'adroites investigations lui apprirent en même temps que la voix publique s'élevait unanimement en leur faveur, et que tous ceux qui les connaissaient s'accordaient à rendre hommage au rare mérite de Fanny Valmeire.

L'épreuve était complète ; aussi madame de Tholberg n'hésita plus à assurer la réalisation du projet qu'elle avait formé à l'égard des demoiselles Valmeire ; elle leur proposa de venir partager sa demeure, de se considérer désormais comme ses filles.

C'était là pour les deux sœurs un changement inespéré, qui leur ouvrait une brillante perspective ; aussi Fanny accueillit les ouvertures de madame de Tholberg avec reconnaissance, mais sans oublier toutefois sa prudence habituelle. Lorsqu'elle eut acquis la certitude qu'il n'y avait rien que de vrai dans les assertions de la mère de Gustave, lorsqu'elle fut convaincue que sa vie était honorable et pure, elle n'hésita pas à profiter de la fortune inespérée que leur envoyait la Providence.

La teinte de tristesse causée par la nouvelle de la mort de M. de Tholberg s'était promptement effacée dans l'esprit de Mathilde, et elle se sentait radieuse à la pensée d'habiter une riche demeure, d'être entourée de toutes les jouissances du luxe.

— Ah ! disait-elle, c'est là certes une aventure étrange, digne figurer dans un conte fantastique.

Et tout en s'abandonnant à la joie la plus vive, elle s'étonnait que sa sœur aînée ne partageât point au même degré cette impression.

C'est que Fanny s'était depuis longtemps accoutumée à envisager avec calme, avec sang-froid toutes les choses de la vie ; de même que le malheur l'avait trouvée forte et courageuse, de même aussi la prospérité ne l'enivrait point. Malgré les avantages que lui faisait entrevoir les propostions de madame de Tholberg, il y avait peut-être aussi au fond de l'âme de mademoiselle Valmeire un vague regret pour sa vie humble, et si dignement remplie.

Bientôt les deux sœurs furent installées dans la somptueuse habitation que madame de Tholberg occupait à Amsterdam ; elles n'y séjournèrent que peu de temps, car aussitôt après le retour de la belle saison, elles transportèrent leur résidence dans une jolie maison de campagne que leur parente possédait à quelques lieues de cette ville.

C'était là le séjour favori de Gustave ; aussi sa mère s'était-elle plu à y faire exécuter chaque année de nombreux embellissements qui devaient en augmenter l'agrément ; elle avait réussi à en faire un véritable Eden.

La maison d'habitation, d'une architecture à la fois simple et gracieuse, était entourée de jardins dessinés avec art et dans lesquels s'offrait à la vue un choix de fleurs rares et variés qui eussent fait l'admiration d'un habile horticulteur. Une grille donnait entrée dans un parc rempli d'ombrages, de fraîcheur, et où abondaient les grottes, les cascades, les chalets rustiques, les accidents de terrain habilement ménagés pour offrir une reproduction bien imparfaite, il est vrai, des beautés pittoresques de la nature, mais qui n'en avait pas moins son charme.

Du vivant du jeune de Tholberg, cette demeure était souvent le rendez-vous de ses nombreux amis; elle avait retenti fréquemment de leurs causeries joyeuses, et ses échos avaient maintes fois répété leurs gais refrains. Il ne s'y trouvait pas un endroit qui ne rappelât à madame de Tholberg le souvenir du fils qu'elle avait perdu. Partout elle revoyait les objets qu'il avait aimés, qui avait égayé son enfance et son adolescence; leur aspect ravivait sans cesse sa douleur et ses regrets.

L'aimable société de ses jeunes parentes répandait seule un baume sur les blessures de son cœur; les entretiens de Fanny surtout parvenaient à ramener dans son esprit abattu le courage et la résignation. On eût dit que mademoiselle Valmeire projetait autour d'elle le calme et la paix; elle avait retrempé son âme dans la foi et la charité; il en jaillissait une source intarissable de pitié, de dévouement, et tous ses discours portaient l'empreinte d'une raison éclairée en même temps que d'une profonde sensibilité.

Quant à Mathilde, tout semblait sourire et rayonner autour d'elle; elle savourait avec ivresse les jouissances qui lui étaient offertes, et s'abandonnait naïvement aux élans d'une gaîté vive et expansive.

Tout pour elle était nouveau dans le séjour de la campagne; dès les premières heures du jour, elle se plaisait à errer parmi les arbustes et les fleurs tout humides encore de rosée; elle trouvait un charme infini à assister au réveil de la nature, à entendre les gazouillements timides et encore incertains des oiseaux sous le feuillage.

Souvent aussi ses promenades avaient un but pieux et utile, car Mathilde aimait à répandre à ses côtés comme un reflet de son propre bonheur. Lorsque Fanny ne pouvait l'accompagner, elle se rendait avec une femme de charge dans les chaumières du village, pour distribuer les aumônes de madame de Tholberg; elle y apparaissait comme une douce et consolante vision, et tous la proclamaient aussi bonne que belle et gracieuse.

Madame de Tholberg elle-même subissait cette influence; mais ni la tendresse de Fanny, ni les gracieuses prévenances de sa jeune sœur ne pouvaient faire renaître pour la mère de Gustave le calme, la félicité qu'elle goûtait autrefois. Tout pour elle était décoloré dans la vie, et la terre ne lui semblait plus qu'un lieu d'exil.

Cependant elle s'efforçait de faire violence à ses propres sentiments ; elle ne voulait point surtout que Mathilde ensevelît dans la retraite sa jeunesse et sa beauté. Quand le temps de son deuil fut complétement expiré, elle se décida à accepter quelques-unes des invitations qui lui furent adressées, et la jeune fille put paraître enfin dans ces réunions brillantes où naguère son imagination l'avait si souvent transportée. Si Mathilde était aimable et enjouée, elle n'avait plus rien de cette funeste exaltation qui avait failli lui être si fatale ; elle appréciait plus sainement les choses de la vie, et surtout elle avait tenu fidèlement la promesse faite à sa sœur de placer en elle toute sa confiance.

Comme fille adoptive de madame de Tholberg. Mathilde ne pouvait manquer d'être bien accueillie dans le monde ; les agréments de sa personne l'y firent bientôt remarquer.

Elle recevait les hommages avec une grâce modeste, sans orgueil, sans enivrement, sans jamais se départir d'une prudente réserve, et sa main ne tarda pas à être demandée par un jeune avocat, nommé Henri Delmire, que des liens de parenté unissaient à une amie de madame de Tholberg, et qui appartenait à une honorable famille.

Il n'avait point ce vernis brillant, cette élégance de manières qui assurent des succès dans les salons;

mais il y avait en lui quelque chose de sérieux, de réfléchi, et il se distinguait par un caractère plein d'élévation uni à une rare bonté de cœur; sans craindre le ridicule, il montrait ouvertement son admiration pour la vertu.

Grâce aux conseils de sa sœur, Mathilde entrevoyait dans le mariage un acte grave, solennel; elle était bien déterminée à ne point se laisser éblouir par de frivoles avantages, et à ne confier le soin de sa destinée qu'à un homme religieux, estimable et possédant de sérieuses qualités morales.

Quand madame de Tholberg lui annonça la recherche dont elle était l'objet, la jeune fille n'hésita point à l'accepter, et bientôt elle quitta sa protectrice pour aller se fixer à Liége, où son époux avait débuté déjà avec succès dans l'exercice de sa profession.

Peu de temps après le mariage de Mathilde, la santé de madame de Tholberg donna de sérieuses inquiétudes, et elle ne tarda pas à être atteinte d'une maladie qui ne laissa plus d'espoir pour sa vie. Fanny l'entoura de soins dévoués, attentifs; elle adoucit pour elle l'ennui des longues heures de souffrances, d'isolement, et quand vint le moment suprême, ce fut elle qui recueillit son dernier soupir.

Mademoiselle Valmeire ne s'était pas séparée sans regret d'une sœur à laquelle elle avait dévoué son existence; aussi quand la mort de madame de Tholberg l'eut laissée complétement libre de disposer d'elle-même, elle résolut de se rapprocher de Mathilde et d'aller vivre de nouveau dans sa ville natale.

La fortune de M. de Tholberg était retournée à sa famille; mais, à part quelques legs faits à des parents éloignés et à de vieux serviteurs, madame de Tholberg avait disposé de la sienne en faveur des deux sœurs; Fanny allait donc désormais avoir en partage une existence aisée, indépendante.

Si l'humble maîtresse de dessin, n'ayant pour dot que ses vertus et son noble cœur, avait pu passer inaperçue, il n'en devait point être de même de la riche héritière de madame de Tholberg.

Parmi les messieurs qui fréquentaient la maison de M. Delmire, il s'en trouva plusieurs assez bien posés dans la société qui songèrent à demander sa main. Les raisons qui l'avaient déterminée à se vouer au célibat n'existaient plus, car Mathilde, son enfant d'adoption, n'avait plus besoin de sa protection.

Après s'être interrogée, elle résolut de ne point changer d'existence, et, en agissant ainsi, elle n'obéissait point à un mouvement d'égoïsme, car elle n'entendait pas vivre pour elle seule. N'aurait-elle point à répandre sa tendresse sur les enfants de Mathilde? Et, si elle restait maîtresse de son temps et de sa fortune, elle se proposait bien de se faire la consolatrice des malheureux, non-seulement en répandant sur eux ses largesses, mais encore en essayant, autant qu'il était en son pouvoir, de faire briller à leurs yeux la pure lumière de la foi, et de ranimer dans leurs âmes le sens moral, trop souvent affaibli par l'influence de l'ignorance et de la misère.

Nulle n'était plus propre que Fanny à exercer cette sorte d'apostolat, noble et sublime mission que toute femme profondément chrétienne devrait se faire un honneur et un devoir d'accomplir.

VIII

Un coup de la fortune.

Les membres de la famille Dableville avaient rompu toute relation avec leurs anciens amis de Liége ; aussi Fanny ignorait-elle complétement les événements qui avaient marqué leur existence : elle les supposait riches, heureux, et ne songeait nullement qu'il dût y avoir entre elle et eux le moindre rapprochement.

Elle avait conservé un tendre attachement pour la mémoire de madame Dableville ; grâce à elle, la tombe de marbre qui recouvrait ses restes mortels avait été entretenue avec soin et entourée de fleurs souvent renouvelées. Il arrivait fréquemment à Fanny de se rendre au cimetière de Robermont où reposaient les restes de ses parents et de la mère d'Albert ; c'était là un pieux hommage qu'elle se plaisait à rendre à ceux qu'elle avait chéris si tendrement.

Un jour, après avoir accompli son pèlerinage ordinaire, elle s'était agenouillée auprès du modeste monument élevé à monsieur et madame Valmeire. Elle demeura quelque temps absorbée dans sa prière, puis, relevant subitement la tête, elle tressaillit : elle venait d'apercevoir à quelque distance un homme jeune encore et prosterné sur la terre.

Assurément, la présence d'un étranger dans un semblable lieu n'avait rien qui fût de nature à exciter la surprise, mais la tombe auprès de laquelle il se trouvait était celle de madame Dableville, et il y avait dans l'inconnu quelque chose d'étrange, de bizarre. Priait-il? nul n'eût pu le dire, car il était là morne, immobile, le regard sombre et fixe, les bras croisés sur la poitrine.

Sa mise ne manquait pas d'élégance ; mais un certain désordre régnait dans l'arrangement de ses vêtements, et une barbe épaisse couvrait en partie son visage pâle et triste.

Le cimetière était en ce moment désert; toutefois ce n'était pas un sentiment de frayeur qu'éprouvait Fanny. La vue de l'étranger produisait sur elle une impression douloureuse, éveillait un souvenir qui, d'abord vague et confus, prit bientôt plus de consistance dans son esprit. Enfin il ne lui fut plus possible d'en douter, c'était Albert Dableville qu'elle avait devant les yeux; mais Albert transformé, méconnaissable, car il y avait loin de cet homme qu'elle avait devant les yeux à celui qu'elle avait connu autrefois, à celui dont la noble physionomie semblait refléter les pures aspirations de son âme.

Certes Fanny ne s'était point attendue à une pareille apparition, et il ÿ avait là de quoi porter dans son esprit le trouble et l'agitation. Si les souvenirs se perdent au milieu des bruits du monde, ils conservent toute leur puissance au sein d'une vie solitaire et recueillie ; aussi dans ce moment le passé se représenta soudain à l'esprit de mademoiselle Valmeire, comme si un court intervalle l'eût à peine séparée de ce moment où elle trouvait de si douces joies dans l'intimité d'Eveline et de madame Dableville.

— Qu'est-il donc arrivé? se demandait-elle ; pourquoi vient-il s'agenouiller sur cette tombe qu'il a depuis si longtemps délaissée? C'est là un mystère inexplicable!

Et tout en agitant ces pensées dans son esprit, Fanny restait immobile, terrifiée en quelque sorte par l'apparition d'Albert. Enfin celui-ci s'arracha à la sombre méditation dans laquelle il paraissait plongé, il se leva lentement, et fit quelques pas pour s'éloigner ; mais il ne pouvait gagner la porte sans passer à côté de mademoiselle Valmeire.

Tout à coup ses yeux s'arrêtèrent sur elle, il la reconnut sans doute sur-le-champ, car il ne put retenir un mouvement de surprise ; il s'arrêta brusquement, et la contempla quelque temps en silence.

L'émotion avait imprimé sur le visage de Fanny

un rayonnement doux et suave ; la pitié, l'attendrissement se lisaient sur ses traits, et des larmes remplissaient ses yeux. Nul ne pourrait dire ce qui
se passa en ce moment dans l'âme d'Albert ; mais
une expression douloureuse contracta sa physionomie, et, cédant à un mouvement en quelque sorte
irrésistible, il s'approcha de la jeune fille.

— N'êtes-vous pas mademoiselle Fanny Valmeire?
lui demanda-t-il d'une voix altérée.

— Oui, monsieur, vous ne vous trompez pas,
répondit-elle en pâlissant.

— C'est à vous sans doute, continua-t-il, que je
dois d'avoir vu la tombe de ma mère préservée des
ravages du temps ; je ne puis vous dire quelle impression j'ai éprouvée en trouvant les vestiges des
soins les plus touchants là où je ne pensais voir
qu'abandon et délabrement.

— Oh! monsieur, je me suis plu à rendre cet
hommage à une femme estimable, dont je vénère
encore la mémoire.

— Oui, dit Albert en attachant sur la terre un
regard pensif, ma mère était noble et digne ; soyez
bénie mille fois pour ne point l'avoir oubliée!

En achevant ces mots, il salua Fanny, puis s'éloigna, rompant ainsi brusquement l'entretien.

Mademoiselle Valmeire, de plus en plus étonnée,
le suivit pendant quelque temps du regard ; en le

voyant de près elle avait été plus frappée encore de l'altération de ses traits, de l'expression sombre et farouche de son visage; une angoisse pénible l'oppressait, et elle suppliait la Providence de lui inspirer ce qu'elle avait à faire.

Elle s'achemina vers la porte du cimetière, et aperçut alors Henri et Mathilde qui avaient dirigé leurs pas de ce côté, et venaient à sa rencontre surpris qu'ils étaient de sa longue absence, car les ombres de la nuit commençaient déjà à se répandre sur la terre.

— Henri, dit mademoiselle Valmeire à son beau-frère, voyez-vous cet individu qui s'éloigne là-bas à pas précipités? eh bien! je lui suppose des desseins sinistres, et je vous supplie de le suivre, car il sera peut-être en votre pouvoir de les prévenir.

— Qu'y a-t-il? dit vivement la jeune femme effrayée de la pâleur et de l'agitation de sa sœur.

— C'est Albert Dableville, et il se passe en lui quelque chose d'étrange, de mystérieux, reprit Fanny d'une voix rapide.

Henri n'en entendit pas davantage; il s'élança sur les traces de l'étranger; celui-ci marchait rapidement sans jeter un regard en arrière; il poursuivit sa course jusqu'à ce qu'il eût perdu de vue toute habitation, jusqu'à ce qu'il fût arrivé dans un lieu complétement désert. Alors il s'assit au pied d'un arbre, et resta

quelques instants plongé dans une prostration profonde ; puis il promena les yeux autour de lui pour
s'assurer s'il était bien seul.

Il n'aperçut point M. Delmire qui s'était glissé
derrière un buisson, et, voyant régner partout le
calme, le silence, il put croire que pas un être humain ne se trouvait dans le voisinage.

Il prit en main un portefeuille, en tira quelques
papiers qu'il examina attentivement ; ensuite, après
avoir de nouveau interrogé du regard tout ce qui
l'environnait, il saisit un pistolet et l'appuya sur son
front.

Le malheureux oubliait que sa vie ne lui appartenait pas ; il allait commettre un crime affreux !

Au moment où il allait presser la détente, une
main l'arrêta violemment, et jeta loin de lui l'arme
meurtrière.

Albert se redressa, menaçant et indigné.

— Monsieur, s'écria-t-il en apercevant Henri, de
quel droit venez-vous m'empêcher de disposer de
ma vie ?

— Du droit qu'a tout homme de cœur de s'opposer
à un acte coupable, répondit M. Delmire.

M. Dableville était bouillant de colère ; il allait
tourner contre celui qui se mettait ainsi entre la
mort et lui cette fureur insensée qui l'avait poussé
au suicide.

— Sans vous, s'écria-t-il au paroxysme de l'exal- .
tation, sans vous tout serait fini déjà, j'aurais quitté
pour toujours ce monde que j'abhore, je serais dé-
barrassé d'une existence qui n'est pour moi qu'un
poids accablant ; mais ce sera pas impunément que
vous aurez voulu ainsi entraver mes desseins. Vous
allez m'en rendre raison !

Et ses yeux lançaient des éclairs, et il accompagnait ses paroles d'un geste de menace.

A ce moment une douce voix de femme retentit à
ses côtés; cette voix persuasive et suppliante était
celle de Fanny.

— C'est moi, disait-elle, c'est moi qui ai conjuré
ce jeune homme de vous suivre; au nom de votre
mère dont vous venez de quitter la dernière demeure,
au nom de tous ceux que vous avez aimés, je vous
conjure de revenir à des sentiments plus chrétiens,
plus dignes de vous.

M. Dableville sentit s'évanouir sa colère, et des
larmes montèrent à ses yeux. La surexcitation à laquelle il était en proie fit place soudain à la douleur,
à l'abattement. Il cacha sa tête dans ses mains, et
laissant échapper un sanglot :

— Par pitié, par pitié, laissez-moi, murmura-
t-il, je suis trop malheureux !

Mademoiselle Valmeire se sentait profondément
attendrie; elle oubliait les torts de M. Dableville

pour ne voir en lui qu'un infortuné digne de toute sa pitié. Elle comprenait combien il eût été dangereux de l'abandonner dans un semblable moment, et voulait à tout prix accomplir jusqu'au bout l'œuvre qu'elle avait commencée.

— Monsieur Albert, dit-elle du ton de la prière, nous prenons part à votre douleur, quelle qu'en soit la cause ; vous trouverez en nous des amis dévoués ; je vous supplie de ne point vous désespérer ainsi, et d'accepter pour aujourd'hui notre hospitalité, car nous ne vous quitterons certainement pas dans la situation d'esprit où vous trouvez.

M. Dableville courbait la tête ; il restait morne, immobile, sans articuler un seul mot.

Mathilde contemplait cette scène avec une vive émotion ; c'était là pour elle un spectacle étrange que de revoir dans de telles circonstances Albert et Fanny en présence l'un de l'autre. Quant à Henri il ne comprenait pas quel puissant intérêt mademoiselle Valmeire portait à l'étranger ; mais il avait pour sa belle-sœur beaucoup d'affection et de respect, et d'ailleurs son naturel généreux s'intéressait à un homme qui paraissait succomber sous le poids de l'adversité ; il joignit donc ses instances à celles de Fanny pour engager M. Dableville à devenir son hôte.

Leurs pressantes sollicitations arrachèrent enfin Albert à l'espèce de torpeur dans laquelle il paraissait plongé. On eût dit même que ces témoignages d'intérêt et d'affectueuse sympathie qui lui étaient prodigués faisaient fondre la glace qui entourait son cœur, et l'ouvraient à des sentiments qui lui étaient depuis longtemps inconnus. Il répara à la hâte le désordre de ses vêtements, et se disposa à suivre ceux qui venaient de l'arracher à la mort.

Quand il se trouva dans la jolie habitation de M. Delmire où tout semblait offrir l'image de la paix et du bonheur, il jeta autour de lui un regard attristé et parut éprouver un redoublement d'amertume. Son front s'inclina sur sa main, et il redevint sombre et silencieux.

Fanny ressentait une pitié profonde pour cet ami de son enfance qu'elle ne pensait pas revoir jamais ici-bas, et que les orages de la vie avaient ainsi ramené sur ses pas. Plus elle le contemplait, plus elle s'étonnait des ravages que le temps avait opérés sur son visage. C'est en vain qu'elle essayait de retrouver sur ses traits flétris quelque chose de cette expression noble et digne qui embellissait autrefois son visage d'adolescent.

Elle craignait de lui adresser des questions indiscrètes, et pourtant elle eût voulu connaître la cause de cette douleur qui avait failli l'entraîner à une si coupable extrémité. En l'interrogeant elle eût craint de provoquer une explosion de désespoir, et pour-

tant elle désirait mettre un terme à une situation
pénible, embarrassante; elle voulait surtout produire
une diversion salutaire dans les idées de M. Dableville, en le déterminant à sortir enfin de son immobilité, et à ne pas craindre d'ouvrir son cœur en présence de ceux qui l'entouraient.

— Monsieur, lui dit-elle, soyez bien certain que
vous ne comptez ici que des amis. Vous vous rap-
pelez sans doute ma petite sœur Mathilde, eh bien!
elle s'est tranformée en une jeune femme, et voici
son mari, ajouta-t-elle en désignant Henri Delmire.
Si votre chagrin est de ceux que les consolations humaines peuvent adoucir, n'en gardez pas seul le poids,
car nous ne demandons qu'à l'alléger.

— Ah! dit Albert avec effort, mon malheur est
un malheur vulgaire; j'ai été la victime d'une de ces
catastrophes qui frappent à chaque instant les négociants, les industriels, tous ceux enfin qui sont em-
portés dans le tourbillon des spéculations financières.
Je suis ruiné, complétement ruiné; malgré mes efforts
désespérés, j'ai vu disparaître ma fortune, après
avoir consacré tous mes efforts à l'acquérir et à
l'augmenter.

— Hé quoi! dit mademoiselle Valmeire avec surprise, ce sont des pertes d'argent qui vous accablent
à ce point; pourquoi donc vous désespérer? Vous
pouvez regagner ces trésors qui vous ont échappé,

car vous êtes jeune encore, et l'avenir vous appartient.

— A quoi bon lutter contre la destinée qui m'accable? reprit tristement M. Dableville ; il est des situations qui n'ont d'autre issue que la mort, et celle où je me trouve est assurément de ce nombre. Vous ne pouvez pas me comprendre, vous, mademoiselle, si étrangère à cette fièvre d'ambition qui a dévoré mon âme, depuis le jour où, entraîné par une fatale influence, j'ai voulu à tout prix parvenir à l'apogée de la fortune. Dès ce moment la possession de l'or a été mon unique jouissance. J'ai consacré mes jours et mes veilles à des calculs arides, j'ai concentré vers un seul but toutes les forces vives de mon intelligence, j'ai surmonté tous mes dégoûts, toutes mes répugnances pour n'écouter que la voix de mes intérêts. Grâce à tant de travaux et d'efforts, je touchais enfin à mon but, je donnais d'année en année une extension plus considérable à mes affaires, et je voyais arriver le moment où j'allais devenir un des rois de la finance!...

« Le démon de l'ambition me fit oublier la prudence dont j'avais jusque-là entouré toutes mes opérations ; séduit par l'espérance d'un gain plus considérable, je me lançai dans des spéculations hasardeuses, croyant parer à tous les dangers par mon habileté et mon expérience ; je fus la dupe d'hommes déloyaux, audacieux, dont je découvris trop tard les manœuvres coupables. C'est en vain que j'essayai de lutter contre la mauvaise fortune ; ma ruine fut bientôt consommée, et d'autant plus complète que, craignant de laisser des capitaux improductifs, j'avais engagé dans mes entreprises tous ceux que je possédais.

» Ce fut là pour moi un moment terrible ; cependant je n'avais pas perdu toute espérance, car ma fortune personnelle avait seule disparu ; la dot de ma femme était restée intacte. Je ne pouvais en disposer sans son autorisation ; mais je me berçais de l'idée qu'elle consentirait à la mettre à ma disposition pour me permettre de rétablir mes affaires et de retrouver du crédit. Hélas, il n'en fut rien ; quand je lui proposai de me donner sa signature, elle refusa avec hauteur, avec persistance ; elle me répondit par des mots amers et des reproches blessants.

» Alors que la fortune me favorisait, elle applaudissait à mes spéculations, elle m'encourageait dans la voie que je parcourais, et, au jour du malheur, elle me traitait de fou, de téméraire, d'imprudent, sans avoir une parole de consolation pour mes souffrances; elle ne semblait songer qu'au contre-coup qui allait rejaillir sur elle; elle maudissait le jour où nous nous étions unis; la perte de mes richesses était un crime irrémissible à ses yeux, et, en face de mon désespoir, l'indignation seule trouvait place dans son cœur.

» J'essayai de me tourner vers son père ; là aussi je fus accueilli avec dureté, avec colère ; il m'adressa même de ces paroles qu'un homme d'honneur n'oublie jamais. J'exhalai alors toute l'amertume de mon âme, et nous nous séparâmes ennemis irréconciliables.

» Sa fille s'empressa de s'éloigner de moi pour retourner sous le toit paternel. Je ne cherchai point à la retenir, et moi-même je quittai bientôt l'hôtel que nous habitions et qui appartenait à mes créanciers.

» Je compris alors que l'infortune crée la solitude autour de celui qu'elle accable. Parmi cette foule d'hommes qui autrefois me pressaient la main, je ne comptais pas un ami véritable ; car ceux-là mêmes qui m'avaient témoigné le plus d'empressement s'éloignaient de moi, craignant que je n'eusse quelque service d'argent à leur demander. Je n'avais dans le cœur que du fiel et de la haine ; je ne pouvais me résoudre à mendier quelque mince emploi.

» Ma douleur était sombre et farouche ; rien de doux ni de consolant ne s'y mêlait ; je ne voulais pas supporter le dédain des uns, l'insultante pitié des autres ; je n'avais ni foyer ni famille, rien ne me rattachait à l'existence.....

» Chose étrange ! au moment de quitter pour toujours la terre, un désir suprême s'empara de moi ; je voulus revoir la Belgique, fouler aux pieds le sol natal, et je résolus de ne pas perdre un moment avant de me mettre en route pour Liége.

» Ma femme m'avait mortellement offensé, je sentais que tout était fini entre nous; aussi je serais facilement parti sans la revoir; mais j'avais un fils auquel je voulais, avant de m'éloigner, donner le baiser d'adieu. Au temps de ma prospérité, absorbé que j'étais par le soin de mes affaires, je ne lui avais pas témoigné une tendresse bien vive, et j'avais même repoussé quelquefois ses innocentes caresses; depuis que tout le monde m'abandonnait j'avais senti l'amour paternel se réveiller en moi avec plus de force.

» Quoiqu'il m'en coûtât, je résolus donc de me rendre chez mon beau-père pour embrasser mon enfant; je l'aperçus tout d'abord jouant gaîment dans la cour, il leva les yeux sur moi, mais il s'enfuit au lieu d'accourir à ma rencontre. Il avait sans doute été effrayé de l'expression triste et sombre de ma physionomie que j'avais pourtant essayé d'adoucir. Je marchai sur ses pas, je pénétrai dans l'habitation, et bientôt je me trouvai en présence de madame Dableville qui s'avançait d'un air altier, impérieux, croyant sans doute que je venais faire un nouvel appel à sa générosité.

» — Que voulez-vous, monsieur? me dit-elle froidement.

» — Rien, rien, lui répondis-je d'une voix concentrée, rassurez-vous, je ne viens point ici vous importuner, je n'ai rien à vous demander ; je voulais seulement revoir mon fils, le presser une dernière fois sur mon cœur, car je suis résolu à en finir avec la vie.

» Je ne sais si elle prit mes paroles pour une vaine menace, ou si réellement l'idée de ma mort ne produisit sur elle aucune impression ; mais elle resta calme, froide, et un sourire ironique se dessina sur ses lèvres.

» — Qu'entends-je ? s'écria-t-elle, vous venez ici vous poser en héros de mélodrame ; ce sont là de bien grands mots, mais ils ne feront pas fléchir ma volonté bien arrêtée de n'être pour vous désormais qu'une étrangère. Je ne m'émeus guère de cette tendresse soudaine que vous manifestez pour votre enfant ; il est tellement accoutumé à votre indifférence que, depuis notre séparation, il n'a pas une seule fois manifesté le désir de vous voir.

» Ces paroles m'indignèrent. Je n'ajoutai pas un seul mot, et je m'éloignai en toute hâte, saisi de colère et de désespoir.

» Quelques heures plus tard, j'étais en route pour la Belgique, et maintenant vous connaissez le reste. Je ne sais à quelle impulsion j'ai obéi quand j'ai dirigé mes pas vers la dernière demeure de ma mère.

Lorsque je vous ai aperçue dans ce lieu de douleur, il m'a semblé que c'était là une apparition céleste. Toutefois ma résolution était trop fortement arrêtée pour pouvoir être ébranlée; je ne songeais qu'à en presser l'exécution, car j'avais hâte d'échapper aux cruelles angoisses qui me torturaient.... »

Mademoiselle Valmeire avait écouté avec une douloureuse surprise les révélations du malheureux qu'elle avait devant les yeux, et elle frémissait en songeant à l'acte coupable qu'il avait voulu accomplir.

— Je sens, lui dit-elle, tout ce que vous avez dû souffrir, je comprends que la vie a eu pour vous des moments bien amers; mais vous avez donc oublié que le suicide est un crime et que Dieu n'a pas donné à l'homme le droit de disposer de lui-même?

— Ah! mademoiselle, vous ne savez pas combien sont loin de mon esprit les croyances de ma jeunesse!.... Emporté par le tourbillon du monde et des affaires, je me suis accoutumé à ne plus songer qu'aux choses de la terre, à ne voir que le néant au-delà de la mort; pour moi la fin de la vie, c'était le repos, le silence pour toujours. Lorsque je me présentai chez madame Dableville, une parole amicale de ma femme, un baiser de mon fils m'eût peut-être réconcilié avec l'existence; mais du moment où tout sur la terre semblait m'abandonner, il ne me restait plus qu'à mourir.

Tandis qu'Albert parlait ainsi, la pensée de Fanny se reportait vers Eveline et son père ; elle se demandait comment l'un et l'autre n'étaient pas venus offrir leurs consolations à un fils, à un frère si malheureux.

— Monsieur, reprit-elle, des liens bien doux vous attachent cependant à la vie ; n'avez-vous pas un père dont vous étiez la joie et l'espoir, une sœur aimante dont le cœur vous a toujours été dévoué?

Monsieur Dableville secoua tristement la tête.

— Mon père! ma sœur! murmura-t-il, eux aussi ont payé leur dette à l'infortune : vous ne savez donc rien, vous ignorez comment la main de Dieu s'est appesantie sur notre famille?

— Eh quoi! Eveline est malheureuse! dit mademoiselle Valmeire avec une douloureuse surprise.

— Hélas! oui, elle aussi a été accablée d'amers chagrins. Vous savez sans doute qu'elle avait épousé Maurice Duverger, le fils de l'ami de mon père. C'était là, sous le rapport de la fortune, une alliance brillante et inespérée; mais malheureusement c'était un homme sans mœurs, sans principes, accoutumé à s'abandonner à tous les vices. De son côté Eveline était légère, imprévoyante, complétement incapable de retenir son mari dans les bornes de la modération. Après avoir follement dissipé son patrimoine, il a lâchement abandonné sa malheureuse jeune femme. Mon père a été entraîné dans sa ruine ; il s'est retiré

avec Eveline dans une modeste maison d'un village
de l'Oise; ils y végètent tous deux, en proie à l'abattement et au découragement le plus profonds.

Albert n'ajoutait pas qu'il n'avait eu pour sa sœur,
au jour du malheur, que froideur et indifférence, et
que, depuis le moment où madame Duverger et son
père avaient été éprouvés par l'infortune, tous deux
étaient devenus des étrangers pour lui. Il eût rougi
d'avouer devant Fanny jusqu'à quel point son âme
s'était endurcie; mais, s'il ne confessait pas hautement son égoisme, il s'en était accusé dans le fond
du cœur le jour où, ruiné, accablé de douleur, il
s'était trouvé en face du désespoir.

Quand l'homme est battu par les flots de l'adversité,
quand les événements anéantissent ses plus chères
espérances, il ne peut se dire encore complétement
malheureux si, dans le calme de la solitude, il lui
est permis de jeter sans remords un regard assuré
sur le passé, si ses souvenirs ne lui rappellent que
des actions dignes et généreuses; mais il est mille
fois à plaindre si dans le cours de la carrière il a
semé l'injustice, s'il a foulé aux pieds les sentiments
les plus sacrés de la nature; oh! alors, la voix de la
conscience vient ajouter quelque chose de douloureux au sentiment de sa propre souffrance.

Albert l'avait éprouvé profondément; aussi, avant
de quitter Paris, il n'avait voulu voir ni Eveline, ni

son père. Peut-être lui eussent-ils tendu les bras? mais ni l'un ni l'autre ne pouvant rien pour lui, leur vue eût ajouté à ses remords; il avait fui leur présence plutôt que d'aller vers eux.

M. Dableville se taisait déjà depuis quelques instants que Fanny gardait encore le silence, tant elle se sentait impressionnée par tout ce qu'elle venait d'entendre. La triste destinée d'Eveline surtout l'attendrissait profondément; elle se disait que la sœur d'Albert devait cruellement souffrir au sein de la pauvreté et de l'abandon, elle dont l'enfance et la jeunesse avaient été entourées de tant de bonheur et d'affection, elle qui croyait ne trouver que des fleurs sur le chemin de la vie.

L'entretien que M. Dableville venait d'avoir l'avait un peu distrait de sa propre douleur, et avait insensiblement donné un autre cours à ses idées. En promenant ses regards autour de lui, il était frappé du confortable qui régnait partout dans la demeure où il se trouvait, et il se demandait avec curiosité quels événements avaient marqué l'existence des deux orphelines; ce fut bientôt à son tour d'interroger.

— Mademoiselle, dit-il à Fanny, c'est assez parler de moi et de ma famille, parlons maintenant de ce qui vous concerne. Je vous ai jusqu'à présent appelée mademoiselle Valmcire; mais sans doute vous portez un autre nom, vous avez changé d'existence?

— Non, monsieur, reprit Fanny simplement ; je ne me suis point engagée dans les liens du mariage, et, pendant bien des années, ma vie s'est écoulée calme, uniforme, constamment remplie par le travail. Tout à coup une immense transformation s'est opérée dans notre situation de fortune, par suite de l'héritage imprévu d'une parente de notre mère qui nous a légué une partie de ses biens. Ma sœur a répondu à mes soins, et me récompense par sa tendresse des soins que j'ai donnés à sa jeunesse. Elle a trouvé le bonheur dans une union bien assortie, et moi je jouis du spectacle de sa félicité, je passe doucement mes jours auprès d'elle et de son excellent mari ; vous voyez que Dieu a été bien bon pour nous.

Albert avait écouté Fanny avec émotion ; jamais il n'avait mieux lu dans les profondeurs de ce cœur pur et dévoué. Le spectacle de cette abnégation avait quelque chose d'étrange pour lui, accoutumé qu'il était au choc de tous les égoïsmes, de toutes les convoitises mondaines ; il lui inspirait du respect et de l'admiration.

— Je vois, murmura-t-il, que vous avez accompli fidèlement l'œuvre à laquelle vous avez consacré votre vie. Tout ce que j'apprends ici dilate, rafraîchit mon âme, et mêle quelque chose de bien doux aux sentiments amers qui l'oppressaient. Je n'ai trouvé sur mes pas que bassesse, mensonge, déloyauté ; mais, sous ce toit hospitalier, je me réconcilie avec l'existence, j'ouvre mon âme à des idées plus calmes, plus sereines.

En effet le visage d'Albert prenait peu à peu une expression moins farouche, et, sur l'invitation de monsieur Delmire, il consentit à aller prendre sa place au milieu de la famille pour le repas du soir.

Il se sentait touché des attentions délicates dont il était l'objet, et tout dans cet intérieur lui rappelait les usages de la maison paternelle ; aussi éprouvait-il un attendrissement inexprimable : il lui semblait retrouver quelque chose de ses sensations d'autrefois, et les jours de sa jeunesse se représentaient à son esprit avec leurs joies pures et innocentes.

Quand il songea à s'éloigner de ses hôtes pour aller prendre le repos de la nuit, il s'avança vers mademoiselle Valmeire et lui tendit une main tremblante. Fanny y plaça la sienne, et, attachant sur lui un regard doux et calme :

— Monsieur Albert, lui dit-elle, il y a quelque chose de vraîment providentiel dans les événements de cette journée. Ne l'oubliez pas, je vous en supplie, songez à Dieu à qui vous devez rendre compte un jour de tous vos actes ; songez aussi que vous avez des amis dont le dévouement ne vous fera pas défaut, et promettez-moi d'éloigner bien vite vos funestes et coupables desseins, s'ils se présentaient encore à votre esprit.

— Je vous le promets, dit Albert, et vous pouvez compter sur ma parole.

Cette nuit-là, mademoiselle Valmeire ne goûta pas un instant de sommeil; les incidents de la journée avaient trop remué son âme pour qu'il lui fût possible de se livrer au repos. Elle ne pouvait croire le témoignage de ses sens; il lui semblait que sa rencontre avec Albert, que la présence de celui-ci dans la demeure de son beau-frère n'étaient qu'un rêve de son imagination; elle avait peine à croire à la réalité de ce qui venait de s'accomplir.

De son côté, monsieur Delmire avait interrogé Mathilde sur le passé de monsieur Dableville. La jeune femme lui retraça avec chaleur les engagements pris par Albert à l'égard de mademoiselle Valmeire, et le courage avec lequel celle-ci avait renoncé à ce brillant mariage pour n'écouter que la voix du devoir.

Henri avait une âme élevée que de nobles sentiments ne laissaient jamais insensible; aussi, en écoutant Mathilde, il avait senti s'augmenter la vénération qu'il avait toujours éprouvée pour sa belle-sœur; il se promettait de la seconder de tout son pouvoir dans l'exécution de son œuvre généreuse.

Dès le matin, Fanny aperçut Henri Delmire se promenant avec Albert dans une allée du jardin. Le jeune avocat avait jugé qu'il n'était pas prudent d'abandonner M. Dableville à ses propres réflexions; aussi, dès les premières heures du jour, il s'était empressé de le rejoindre. Il avait essayé de sonder ses dispositions; il l'avait retrouvé abattu, découragé, agité par mille sentiments divers. Leur entretien fut long et animé.

Henri parlait avec l'autorité persuasive d'un homme de bien, d'un ami sincère, et quand ils se séparèrent il se rendit auprès de mademoiselle Valmeire.

— Fanny, lui dit-il, je n'ai pas voulu laisser à votre protégé d'incertitude sur son avenir; j'ai cru devoir le presser de prendre une décision; il m'a fait part du projet qu'il avait de s'expatrier, et je l'ai fortement approuvé. Il ne peut ni retourner à Paris, ni séjourner dans ce pays; il pourrait, il est vrai, y trouver un emploi, mais il y serait rongé de regrets et d'ennui. Il a abandonné son cœur au démon de l'argent; le souvenir de ses richesses perdues est une torture à laquelle il ne peut échapper qu'en nourrissant l'espoir de les reconquérir. Il lui faut recommencer une autre existence; or, l'Amérique s'offre à lui avec ses trésors et ses immenses ressources; il s'y retrouvera un homme nouveau, et pourra y donner une libre carrière à sa fiévreuse activité. Je puis l'aider à réaliser son dessein; j'ai, comme vous le savez, un oncle établi au Brésil, où il se livre à d'importantes opérations commerciales ; il accueillera, j'en suis certain, avec empressement un Européen instruit, intelligent, recommandé par moi ; il se montrera disposé à lui aplanir les voies de la fortune.

Mademoiselle Valmeire comprenait que c'était là en effet le seul parti qu'Albert eut à prendre ; elle remercia avec effusion son beau-frère de l'intérêt qu'il voulait bien lui témoigner.

Quand M. Dableville se retrouva en présence de Fanny, il lui fit part à son tour du projet qu'il avait formé de quitter l'Europe.

— C'est là, lui dit-elle, une résolution courageuse; aussi nos vœux vous accompagneront sur la terre étrangère, et j'espère que Dieu bénira vos efforts.

— Quoi qu'il arrive, reprit Albert, j'emporterai un souvenir profond de l'accueil que j'ai reçu dans cette demeure, et ce souvenir m'accompagnera partout sur la terre d'exil.

Quelque douce que fût pour M. Dableville l'hospitalité que M. Delmire lui offrait dans sa demeure, il sentait qu'il ne pouvait pas y prolonger longtemps son séjour, car sa situation avait quelque chose de pénible, de douloureux ; il se prenait parfois à regretter les aveux qui, dans le premier moment, lui étaient échappés avec tant d'abandon.

Bientôt Albert apprit qu'un vaisseau allait s'éloigner du port d'Anvers en destination pour le Brésil : il résolut d'en profiter pour effectuer la traversée.

Les instants qui précédèrent son départ furent graves et solennels ; au moment de quitter la terre d'Europe, Albert se sentait moins fort qu'il ne l'avait pensé, et il lui semblait que quelque chose se brisait dans son cœur.

M. Delmire accompagna Albert jusqu'au lieu de l'embarquement, et il ne se sépara de lui que quand le vaisseau fut près de mettre à la voile. A l'attendrissement qu'éprouvait M. Dableville se mêlait un étonnement profond pour l'intérêt que lui avait tout à coup témoigné cet homme qui n'avait été jusqu'alors qu'un étranger pour lui.

Il commençait à comprendre la puissance de l'esprit chrétien qui remplace l'égoïsme par une charité ardente, qui unit tous les hommes par les liens d'une véritable fraternité. Le souvenir de tout ce qu'il avait vu dans la maison de M. Delmire produisait plus d'impression sur lui que n'eussent pu le faire les paroles les plus éloquentes.

IX

Une généreuse amie.

Depuis que Mademoiselle Valmeire savait qu'Eveline était aux prises avec le malheur, sa pensée s'était souvent reportée vers elle. Quoiqu'elle n'eût point osé adresser à Albert de fréquentes questions, elle avait compris que madame Duverger se trouvait dans une situation des plus douloureuses. Or, elle connaissait assez le caractère de la jeune femme pour supposer qu'elle ne pouvait trouver en elle-même la force de résister aux coups de l'adversité; elle se sentait un immense désir de lui offrir appui et consolation.

Elle avait encore présent à l'esprit ce moment où madame Dableville mourante lui avait fait promettre d'être pour ses enfants une amie fidèle. Déjà elle avait noblement accompli une partie de sa tâche; elle voulait aussi aider Eveline à porter la couronne d'épines qui ceignait son front, et cette idée généreuse prit bientôt de plus en plus consistance dans son esprit.

Certes mademoiselle Valmeire ne s'exagérait point la situation dans laquelle se trouvait Eveline. Depuis le jour où celle-ci avait quitté Paris pour vivre à la campagne, elle était tombée dans un profond abattement, elle n'avait su que verser des pleurs et gémir sur son malheur. Il lui fallait à elle la joie, le plaisir, une atmosphère de bonheur ; en se voyant privée des agréments de la vie, elle s'abandonnait à ces lamentations stériles qui rendent l'infortune plus amère et enlèvent le courage et l'énergie. Monsieur Dableville, déjà brisé lui-même par tant de secousses, avait senti le reste de sa vigueur l'abandonner en voyant l'accablement de sa fille. Ses forces physiques n'avaient point été seules ébranlées; les facultés de son esprit s'étaient peu à peu affaiblies.

La nouvelle du désastre d'Albert vint porter un nouveau coup à monsieur Dableville et étendre sur son intelligence un voile de plus en plus épais, car il aimait toujours son fils, malgré l'indifférence que celui-ci lui avait témoignée.

Ce fut là pour Eveline un nouveau sujet d'angoisses ; les heures s'écoulaient pour elle avec une lenteur désespérante, son isolement était complet et la solitude lui était à charge. Un ennui mortel la dévorait : elle avait si longtemps vécu dans l'oisiveté que la pensée ne lui venait pas même de recourir au travail ; les pratiques de piété étaient sans attrait pour elle; la vie de la jeune femme s'écoulait dans la plus sombre tristesse.

Elle n'avait aucune nouvelle de son mari; mais elle comprenait qu'il était préférable pour son repos de ne point entendre parler de lui; la présence de ses enfants, au lieu de la récréer, semblait souvent à Eveline un fardeau. Elle les chérissait dans le fond du cœur; mais, avec sa légèreté habituelle, elle faisait retomber sur eux le poids de son humeur.

Tantôt elle les grondait sans motif et s'irritait des élans de gaîté naturels à leur âge; tantôt elle cédait à des caprices déraisonnables et essayait de réparer ses brusqueries par des caresses passionnées.

Ce mélange d'emportements et de flatteries exerçait la plus funeste influence sur Louise et Valentine, dont les défauts se manifestaient d'une manière toujours plus apparente. Eveline ne trouvait donc point de douceur dans le sentiment maternel si fécond en joies vraies et profondes, et elle n'entrevoyait l'avenir qu'avec anxiété.

Un jour que madame Duverger était assise auprès d'une fenêtre, le regard perdu dans l'espace, et absorbée dans de pénibles réflexions, la petite Louise accourut à elle tout à coup, très-joyeuse d'avoir à lui porter une lettre que le facteur venait de lui remettre.

Une lettre était chose rare dans la demeure de la jeune femme; elle tressaillit en reconnaissant l'écriture de mademoiselle Valmeire; elle brisa rapidement le cachet et parcourut les lignes suivantes :

« Chère Eveline,

» Quoique depuis bien des années nous soyons en apparence demeurées étrangères l'une à l'autre, je n'ai cependant pas oublié l'aimable compagne de mes jeux d'autrefois, et celle qui plus tard dans une circonstance importante me manifesta un si affectueux intérêt. J'ai appris avec douleur que la destinée a été cruelle envers vous, et j'ai mille fois regretté de n'être pas à vos côtés pour vous prodiguer les consolations de l'amitié.

» J'en suis certaine, votre pensée se reporte encore avec amour vers notre beau pays de Liége qui vous était si cher autrefois. Je vous conjure de revenir vous y fixer; vous trouverez en moi une amie dévouée, et je vous aiderai dans l'éducation de vos enfants que j'aime déjà sans les connaître. Tout mon temps m'appartient maintenant, et je jouis d'une entière liberté, car Mathilde est mariée, et un héritage imprévu m'a permis de renoncer à la vie laborieuse que j'ai menée si longtemps. Nous vivrions à côté l'une de l'autre; vous m'initierez à vos inquiétudes, à vos chagrins, et peut-être vous paraîtront-ils moins amers quand vous ne serez plus seule à en supporter le poids? Si mon souvenir n'est pas tout-à-fait effacé

de votre esprit, je vous supplie de ne pas tarder à
venir nous rejoindre, et peut-être alors connaîtrez-
vous des jours calmes et paisibles?

» Vous vous étonnerez sans doute de ce que j'ai
ainsi appris votre situation et le lieu de votre demeure;
je tiens ces détails de votre frère Albert, dont je
je puis ainsi vous donner des nouvelles. Un hasard
providentiel l'a placé sur mes pas; je l'ai vu, je me
suis entretenue avec lui, et j'ai été assez heureuse
pour lui être utile. Après un court séjour dans cette
ville, il est parti pour le Brésil où il doit rencontrer
un oncle de mon beau-frère qui l'aidera de ses
conseils et de son appui.

» Il nous apprendra sans doute son arrivée sur cette
terre lointaine; en attendant, nous pouvons espérer
que le succès couronnera ses efforts et que la fortune
sera favorable à son égard. Je le désire ardemment,
et je vous prie, chère Éveline, d'agréer l'expression
de mes sentiments les plus affectueux,

» FANNY VALMEIRE. »

Madame Duverger lut et relut cette lettre qui lui
apparaissait comme un secours inespéré que le Ciel
lui envoyait.

— La douce Fanny! l'excellent cœur, je la reconnais bien là, murmurait-elle; oh oui! je voudrais
presser sa main dans la mienne, épancher mes souf-

frances dans son âme compatissante. Je ne comprends pas toute la vérité; mais j'entrevois qu'elle a été la providence d'Albert. Il y a en elle des trésors d'affection et de dévouement.

Après les premiers moments donnés tout entiers aux émotions du bonheur et de l'espérance, d'autres réflexions traversèrent l'esprit de la jeune femme. Si elle s'était montrée étourdie, imprévoyante, il y avait pourtant au fond de son cœur un sentiment profond : c'était sa tendresse pour son père qui avait tant sacrifié pour elle. Pour rien au monde elle n'eût voulu s'en séparer ; or, elle se demandait si mademoiselle Valmeire avait songé à lui en proposant un rapprochement entre elles, et si Fanny n'éprouverait pas une trop grande répugnance à se retrouver en présence de celui qui avait exercé sur son avenir une si cruelle influence.

Son hésitation ne fut pas de longue durée; quelque vif désir qu'elle éprouvât de se réunir à son amie, elle résolut de lui parler avec une entière franchise :

« Chère Fanny, se hâta-t-elle de lui répondre, les sentiments que contient votre lettre m'ont touchée plus que je ne puis vous l'exprimer ; en la lisant j'ai répandu des larmes, de douces larmes comme je n'en avais pas versé depuis longtemps. Je vous remercie de votre affectueux intérêt, je vous remercie aussi d'avoir bien voulu me donner des nouvelles d'Albert dont le sort me préoccupait vivement.

» Vous êtes une bonne et généreuse amie; je me repens d'avoir pendant tant d'années paru vous oublier; je dis paru, car en réalité j'ai toujours eu pour vous une affection sincère; mais vous ne vous faites pas une idée du tourbillon dans lequel j'ai vécu pendant les années qui ont suivi mon mariage. Ce n'était que fêtes, spectacles, projets de toilettes et de parties de plaisir; le temps fuyait avec une telle rapidité qu'il me restait à peine un instant pour être seule avec moi-même.

» Quand sont venus les jours amers, j'ai songé à vous, chère Fanny; mais j'ignorais ce que vous étiez devenue, et, après un aussi long silence, je n'aurais point osé vous tendre une main amicale. Vous ne vous méprenez point; il y aurait pour moi un charme infini à vous revoir, à me retrouver dans les lieux où j'ai vécu heureuse et insouciante sous la protection de ma mère. Sans l'appel que vous m'adressez, je n'aurais jamais eu la pensée de m'y rendre, car ma santé est si altérée qu'il m'eût été impossible de trouver en moi-même l'énergie nécessaire pour prendre une détermination. J'aurais craint d'ailleurs de retrouver là-bas l'isolement qui est ici mon partage, et qui me pèse plus que je ne puis vous l'exprimer.

» Ce serait pour moi une perspective séduisante

que celle de passer mes jours auprès de vous ; il me semble que mon cœur se réchaufferait au contact de votre douce affection, et je vous connais, je vous apprécie assez pour savoir que mes enfants trouveraient en vous un guide et un modèle.

» J'ai beaucoup souffert depuis quelque temps, et, pour supporter l'existence, j'ai besoin de me rattacher à une espérance ; mais je n'ose caresser ces agréables images, car un scrupule m'arrête, et vous allez facilment le comprendre. Mon père n'est plus l'homme que vous avez connu autrefois ; il est devenu comme un faible enfant, et pour rien au monde je ne voudrais le quitter ; or, je sens combien sa vue serait pénible pour vous.

» Pauvre père ! il nous aimait tendrement ; il voulait notre bonheur, mais il s'est cruellement mépris ; il n'a pas compris que si vous n'aviez point de richesses à partager avec Albert, il trouverait en vous des trésors mille fois plus précieux.

» Les souvenirs du passé ne sont peut-être pas assez effacés dans votre cœur pour que vous puissiez revoir mon père sans éprouver un sentiment trop amer, une répulsion trop vive. S'il en est ainsi je renoncerai au bonheur que j'éprouverais à vivre à vos côtés, je resterai dans mon isolement en conservant toutefois une profonde gratitude pour les offres que vous avez bien voulu m'adresser, et qui me prouvent d'une manière si évidente la persévérance de votre attachement. »

Eveline ne savait point encore tout ce qu'il y avait de charité et d'abnégation dans l'âme de mademoiselle Valmeire. A peine celle-ci eut-elle pris connaissance des lignes tracées par son amie qu'elle se hâta de lui répondre pour lui dire que la conduite de M. Dableville n'avait laissé dans son esprit ni fiel, ni ressentiment, et qu'elle était prête à l'accueillir avec empressement ; elle terminait sa lettre en suppliant Eveline de ne pas différer plus longtemps son voyage.

Peu de jours après, Fanny, accompagnée d'Henri et de Mathilde, stationnait dans la gare du chemin de fer, attendant le convoi qui devait renfermer madame Duverger. Mademoiselle Valmeire était pâle et agitée ; son cœur battait avec force, car c'était pour elle un moment rempli d'émotion que celui où elle allait revoir l'amie dont elle était depuis si longtemps séparée.

Enfin on entendit retentir un vigoureux coup de sifflet, et un long panache de fumée se déroula majestueusement dans les airs ; le bruit des roues et de la vapeur devint de plus en plus distinct ; puis l'immense file de voitures ralentit insensiblement sa sa marche rapide, et l'on en vit bientôt descendre de nombreux voyageurs.

Parmi la foule se trouvait un groupe composé d'un vieillard, d'une jeune femme et de deux jolis enfants : c'était monsieur Dableville, Eveline et ses filles.

Le père d'Albert avait la démarche incertaine, chancelante ; sa tête s'inclinait vers la terre, et l'on eût dit que toute étincelle de vie avait disparu de son regard.

Quant à madame Duverger, elle avait complétement perdu cette fraîcheur, cet éclat qui la rendait naguère si attrayante. Le chagrin avait flétri ses traits, pâli son teint, et l'on ne retrouvait plus en elle aucune trace de sa beauté d'autrefois. Tout dans son attitude indiquait l'abattement le plus profond ; sa mise même était négligée, et il y avait dans ses vêtements un mélange d'élégance et de délabrement qui rendait son aspect singulier.

Elle cherchait Fanny du regard ; aussitôt qu'elle l'eut aperçue, elle s'élança vers elle, et bientôt les deux anciennes compagnes furent dans les bras l'une de l'autre. Toutes deux alors laissèrent couler leurs larmes ; c'est que leurs pensées se reportaient vers le moment où, quinze années auparavant, elles s'étaient donné le baiser d'adieu.

Comme le temps avait marché depuis cette époque de leur vie ! combien d'illusions il avait emporté dans leur âme à toutes deux ! mais pourtant, si l'une et l'autre avaient connu des heures douloureuses, il y avait entre elles une immense différence.

Fanny avait gravi avec courage le chemin âpre et désert qui s'étendait devant elle; elle avait noblement rempli la tâche que la Providence lui avait départie; aussi son âme était calme et sereine, et une expression ineffable de paix et de recueillement avait remplacé la beauté de sa première jeunesse. Pour Eveline, les jours de malheur avaient succédé à des moments de jouissance enivrante; mais le passé était tout rempli de souvenirs amers, importuns, et elle ne trouvait en elle-même qu'agitation et regrets douloureux. Après avoir répondu à l'affectueuse étreinte de son amie, mademoiselle Valmeire embrassa tendrement Louise et Valentine. Avec la naïve insouciance de leur âge, les deux petites filles promenaient partout un regard curieux et paraissaient charmées du changement que ce déplacement avait apporté dans leur existence habituelle.

Ensuite Eveline prit la main de son père, et le conduisit vers Fanny qui ne l'avait point encore aperçu.

Si mademoiselle Valmeire avait eu dans l'âme l'ombre d'un ressentiment, elle eût été désarmée à la vue de ce vieillard, dont l'aspect était des plus misérables et que la souffrance avait rendu complétement méconnaissable.

Fanny lui tendit la main, et, d'une voix douce et sympathique :

— Soyez le bienvenu, monsieur Dableville, lui dit-elle.

Celui-ci ne parut pas la comprendre: il la regarda fixement, mais sans que la moindre impression se manifestât sur son visage; la vue de mademoiselle Valmeire n'avait éveillé en lui aucun souvenir. Sans se rendre compte de ce qui se passait à ses côtés, il se disposa machinalement à suivre sa fille.

— Vous le voyez, dit madame Duverger à Fanny, mon malheur est complet : je suis seule au monde; je n'ai plus ni frère ni mari, et mon père n'est plus que l'ombre de lui-même. J'ai été cruellement éprouvée; aussi vous ne m'auriez pas reconnue, j'en suis certaine; mais vous, ajouta-t-elle, je vous retrouve toujours la même; vous n'êtes vraiment pas changée, vous n'avez donc pas souffert?

— Chère Eveline, reprit mademoiselle Valmeire avec des larmes dans les yeux, mon âme a été brisée plus d'une fois; mais j'ai lutté contre moi-même, je me suis efforcée de ne pas me consumer dans de stériles regrets; j'ai été soutenue par le sentiment d'un grand devoir à accomplir, et Dieu m'a protégée, m'a donné force et courage, m'a fait trouver des jouissances dans la pensée même du sacrifice que j'accomplissais. Presque toujours sa divine Providence a mêlé quelque doux parfum à la coupe amère qui s'approchait de mes lèvres. J'aurai voulu vous revoir dans des circonstances plus favorables ; mais puisque le malheur vous a frappée, j'éprouve un sentiment délicieux en songeant qu'il pourra m'être donné au moins d'essuyer vos pleurs.

Madame Duverger pressa sans répondre la main de Fanny. Il est des émotions si vives, si profondes que la parole humaine est impuissante à les reproduire, et à coup sûr Eveline n'eût pu rendre que bien imparfaitement ce qui se passait dans son cœur en entendant ce langage pieux et résigné, si nouveau pour elle et qui peignait si bien l'âme angélique et généreuse de son amie.

X

Un nouveau malheur.

Mademoiselle Valmeire avait loué pour madame Duverger et pour sa famille une maison modeste et agréable située dans le voisinage de celle qu'elle occupait, car elle comptait bien venir passer avec Eveline plusieurs heures de la journée, et Fanny se promettait même de lui venir en aide en mille circonstances, autant qu'elle pourrait le faire sans blesser son amour-propre.

En devenant l'héritière de madame de Tholberg, ses goûts n'avaient rien perdu de leur simplicité, de leur modération; aussi la richesse n'était pour elle une jouissance que parce qu'elle lui permettait de s'abandonner aux généreux élans de son cœur, réglés toujours cependant par la sagesse et la prudence.

Malgré ses efforts et ses soins, Fanny eut le chagrin de voir, dans les premiers temps de son séjour au pays natal, la mélancolie d'Eveline devenir de plus en plus profonde. C'est que la jeune femme ne faisait point un pas qui ne lui rappelât quelque joyeux souvenir de sa jeunesse, alors que l'existence n'avait pour elle que des sourires et des promesses de bonheur. Elle comparait le passé au présent si triste, si douloureux ; elle songeait à ses richesses, à sa félicité à jamais détruite, et elle se prenait à souhaiter la mort.

La voix de Fanny retentissait alors à son oreille douce et consolante, non pour lui reprocher sa faiblesse, mais pour lui parler de résignation, de jouissances plus belles, plus durables que les biens fragiles, éphémères de la terre. On eût dit qu'un rayon de la grâce céleste descendait dans l'âme de la jeune femme ; elle pressait la main de Fanny, penchait la tête sur son épaule, et ses larmes coulaient moins amères et moins brûlantes.

Mademoiselle Valmeire n'avait pas tardé à reconnaître combien madame Duverger comprenait peu ses devoirs envers ses enfants ; elle voulait leur procurer cette éducation solide qui avait manqué à leur mère et qui exerce son influence sur toute la durée de l'existence. Sans se dissimuler la difficulté de cette tâche, elle s'y adonna avec toute l'ardeur de son âme généreuse.

Eveline consentit volontiers à lui abandonner son autorité sur ses filles, et, comme Fanny se montrait constamment douce, affectueuse, d'une humeur égale et sereine, elles se prirent bientôt à l'aimer et même à désirer ses leçons et sa présence. Une émotion délicieuse inondait son âme quand elle se sentait pressée dans leurs bras caressants. Les traits de Louise rappelaient d'une manière frappante ceux de son aïeule; si elle avait parfois certaines allures capricieuses, elle faisait preuve d'une intelligence vive et prompte, et mademoiselle Valmeire était heureuse de retrouver en elle cette sensibilité, cette délicatesse qui se manifestaient dans madame Dableville.

Valentine ressemblait plus à sa mère; elle ne pouvait se livrer à aucun travail d'une manière suivie; elle se montrait folâtre, enjouée, retombait sans cesse dans les mêmes étourderies, et agissait en toutes circonstances avec une grande légèreté. Fanny s'efforçait de faire naître dans son esprit quelques idées sérieuses et de lui donner l'habitude de la réflexion.

En même temps que mademoiselle Valmeire dirigeait les études des deux enfants et cultivait leur esprit, elle les initiait à l'art charmant auquel elle avait demandé des moyens d'existence et qui lui avait procuré de si vives jouissances. Le but qu'elle poursuivait donnait un nouvel intérêt à sa vie et lui procurait une satisfaction intime pleine de douceur; il lui semblait parfois voir l'ombre de madame Dableville lui sourire, et entendre au fond de son cœur une voix mystérieuse qui redoublait son ardeur et son énergie.

Quant au père d'Albert, il vivait dans un appartement retiré, offrant le désolant spectacle d'un homme qui se survit à lui-même. Il ne semblait pas avoir conscience du changement qui s'était opéré dans le lieu de sa résidence ; tout était devenu dans son intelligence ténèbres, confusion, et une pensée fixe, dominante, l'absorbait entièrement. Sa folie était d'ordinaire calme et inoffensive ; mais par moments il sortait de son immobilité habituelle pour s'abandonner à une violente surrexcitation. Il croyait voir l'or ruisseler autour de lui ; tout ce qui l'entourait se transformait à ses yeux en ce métal magique.

— Apportez-moi des coffres-forts, s'écriait-il, apportez-les-moi sur-le-champ, car j'ai de quoi les remplir.

Et amoncelant des cailloux autour de lui :

— Ne voyez-vous pas, disait-il, ces richesses qui m'entourent? je suis riche, bien riche !

Quand son exaltation s'était peu à peu calmée, il écoutait docilement la voix de sa fille et même celle de Fanny qui, en l'absence d'Eveline, veillait souvent à ses côtés, attentive à prévenir ses désirs et caressant même son rêve favori. Une compassion profonde remplissait l'âme de mademoiselle Valmeire, et à la voir ainsi entourant M. Dableville de soins affectueux, nul n'eût pu soupçonner le rôle qu'il avait joué dans sa vie.

Fanny et son amie s'entretenaient assez souvent d'Albert. Eveline lui avait ouvert son cœur avec un entier abandon ; elle lui avait retracé le genre de vie de son frère, la transformation qui s'était accomplie en lui, et ne lui avait point caché la froide indifférence qu'il lui avait témoignée quand le malheur s'était appesanti sur elle. Mademoiselle Valmeire avait frémi à la pensée de l'égoïsme dont avait fait preuve celui auquel elle avait connu autrefois des inclinations si nobles, si généreuses.

— Hélas ! disait madame Duverger, Albert dans sa jeunesse était bon et aimant, il avait pour moi les sentiments les plus tendres, mais la tension continuelle de son esprit vers les choses d'argent et le contact d'hommes avides, acharnés après la conquête de la fortune, en ont fait un homme nouveau, et ont peu à peu émoussé en lui toute sensibilité.

Cependant il n'était pas dans la nature d'Eveline de conserver un ressentiment dans l'âme. Si dans le premier moment elle avait éprouvé une vive indignation contre son frère à la vue de l'indifférence qu'il lui témoignait, elle se sentait désarmée depuis qu'elle le savait malheureux ; elle le suivait par la pensée sur la terre étrangère, et formait avec Fanny des vœux pour son bonheur.

Quelques mois après son départ, M. Delmire reçut une lettre de lui ; il avait accompli une assez heureuse traversée, et, aussitôt après son arrivée au Brésil, il s'était hâté de se rendre chez M. Vernière, le parent de M. Delmire. Celui-ci l'avait parfaitement accueilli ; il lui avait accordé volontiers sa protection, et lui avait même procuré un emploi qui pouvait lui fournir des moyens d'existence. Toutefois, ce n'était là pour Albert qu'une situation provisoire ; il se promettait de chercher avec ardeur les moyens de tirer parti de son habileté en affaires et de ses connaissances financières. Du reste sa lettre était empreinte d'une amère mélancolie ; l'absence de la patrie se faisait douloureusement sentir pour lui, et d'ailleurs il comprenait qu'il aurait encore bien des travaux et des efforts à accomplir avant de se retrouver sur le chemin de la fortune. Il terminait sa lettre en exprimant sa profonde reconnaissance pour les membres de la famille qui l'avait arraché au désespoir, et lui avait tendu une main amie au jour de la détresse.

Il ignorait le changement qui s'était opéré dans l'existence de son père et de sa sœur ; il exprimait les inquiétudes qu'il éprouvait à leur égard, et annonçait qu'il profitait du départ du même vaisseau pour leur donner de ses nouvelles.

M. Delmire se hâta de répondre au pauvre exilé, et Eveline joignit une lettre à la sienne. Elle apprenait à son frère le parti qu'elle avait pris ; elle lui faisait part de la triste situation de leur père, et lui retraçait le rôle d'ange consolateur que mademoiselle Valmeire remplissait auprès d'elle et de ses enfants.

« Par ses encourageantes paroles, disait madame Duverger, elle m'a fait comprendre qu'il est pour moi autre chose à faire que de gémir sur le passé, et qu'une importante mission me reste à accomplir, c'est de préparer l'avenir de mes enfants en cultivant leur cœur et leur esprit. Je ne pourrais sans ma généreuse Fanny suffire à cette tâche ; grâce à elle, Louise et Valentine m'offrent de précieuses consolations ; grâce à elle je jouis des douceurs de l'amitié, je sens qu'il est des joies plus paisibles, plus durables que celles que je cherchais avec tant d'ivresse au milieu des fêtes, et de l'agitation du monde. »

Enfin madame Duverger terminait sa lettre en adressant à Albert un touchant appel pour le prier de renouer les liens de tendresse fraternelle qui, dans le passé, les avaient unis d'une manière si étroite, et que de malheureuses circonstances avaient brisés.

« Te souviens-tu, lui disait-elle, du temps où nous vivions ensemble sous l'œil de notre mère? Alors nous mettions tout en commun, joies, plaisirs et peines ; alors nous n'avions, pour ainsi dire, qu'une même âme, qu'un seul cœur. S'il avait continué à en être ainsi, si la discorde ne s'était pas glissée entre nous, notre mutuelle affection eût rendu notre infortune moins amère, moins pénible à supporter. Que du moins les leçons du malheur ne soient pas perdues pour nous! que je retrouve en toi un frère! et je te promets, à mon tour, de redevenir l'Eveline d'autrefois. »

Albert s'empressa de répondre à sa sœur; il avait hâte de lui dire combien l'offre de réconciliation faite par elle était venue doucement remuer son cœur; il avait besoin aussi d'exprimer l'admiration que lui faisait éprouver la générosité de Fanny, qui se vengeait si noblement de l'oubli et de l'indifférence de la famille Dableville.

« Ma pauvre sœur, disait-il, si le vœu de ma mère s'était réalisé, ma destinée à coup sûr eût été toute différente. Je n'aurais point connu cette fièvre ardente qui m'a consumé, et qui a fait de moi un homme si misérable. Puissent Louise et Valentine ressembler un jour à celle qui veut bien être leur guide, et les entourer d'une si tendre sollicitude! Je comprends maintenant quelle mission il est donné à la femme d'accomplir; longtemps je me suis mépris, je l'ai regardée comme un être sans conséquence, propre tout au plus au gouvernement intérieur de sa maison. Or, en ce moment où j'analyse froidement mes impressions, je sens que la douce et tendre influence d'une compagne dévouée eût apaisé l'inquiète ardeur de mon esprit, eût calmé en moi cette ambition dévorante qui m'a précipité vers la catastrophe où se sont engloutis ma fortune et mon crédit.

» J'avais placé tout mon bonheur dans la conquête de la fortune ; aussi tout avait disparu pour moi avec mon or, cet or auquel j'avais tant sacrifié, car je n'entrevoyais rien au-delà des choses de la terre..... A cette heure, les pieuses croyances de mon enfance se sont réveillées dans mon cœur. Je ne puis songer à mademoiselle Valmeire sans croire à la vertu, sans espérer dans une vie meilleure!...

» J'ai lu avec affliction tout ce que tu m'apprends sur notre père, toutefois c'est peut-être un bienfait de la Providence que ce voile répandu sur sa raison. Il serait trop malheureux si la réalité se présentait clairement à son esprit, s'il pouvait comprendre quelle fatalité s'est appesantie sur les deux enfants pour lesquels il formait des rêves si brillants de fortune et d'avenir..... »

Dès ce moment les lettres d'Albert vinrent à intervalles assez réguliers rassurer sur son sort sa famille et ses amis. Eveline les recevait toujours avec le plus vif empressement ; elle se plaisait à les lire et à les relire. Parfois il se montrait simple et bon ; alors il lui semblait le revoir tel qu'elle l'avait connu dans sa jeunesse ; d'autres fois il paraissait dominé par sa passion favorite, il l'entretenait longuement de vastes entreprises qu'il méditait pour redevenir riche; enfin, il lui laissait deviner l'inquiète agitation de son esprit.

Alors madame Duverger se prenait à craindre pour lui, en songeant que l'avenir lui réservait sans doute encore d'amères déceptions. Elle ne pouvait non plus penser à son mari sans éprouver une profonde émotion.

Quoiqu'il ne lui donnât aucun signe de vie, elle avait appris qu'après avoir séjourné quelque temps à l'étranger, il se retrouvait à Paris où il vivait assez largement sans exercer ostensiblement aucune profession. La jeune femme ne se dissimulait point qu'il se trouvait sur cette pente fatale qui conduit infailliblement au dernier degré de l'abjection.

En effet, Maurice Duverger menait une existence avilissante, et s'était transformé en un intrigant du plus bas étage. Trop lâche pour recourir au travail, pour renoncer au bien-être et aux plaisirs, il était parvenu à se créer des ressources par ces mille petits moyens bas, honteux, que les lois humaines n'atteignent pas, et qui ne sont pas moins le fait d'un homme dégradé. Il n'en était pas encore arrivé à dépouiller son prochain à force ouverte; mais il savait dépouiller adroitement ceux dont il voulait faire ses dupes.

Il saisissait souvent au passage les fils de famille nouvellement arrivés dans la capitale ; il flattait les uns, corrompait les autres, et, en exploitant ainsi leur orgueil et leurs mauvais instincts, il parvenait fréquemment à puiser dans leur bourse et à vivre à leurs dépens. Il savait du reste courber la tête sous une injure, la rougeur ne montait plus à son front ; il avait si souvent demandé l'oubli aux fumées de l'ivresse que les images du passé étaient presque complétement effacées dans son esprit, et le souvenir même de sa femme, de ses enfants, eût été impuissant à éveiller quelque émotion dans son âme endurcie et dégradée.

Un jour, jour triste et douloureux qui devait laisser à jamais sa trace dans le cœur d'Eveline et de son amie, madame Duverger reçut une lettre de Rio-Janeiro dont l'adresse n'était pas de la main de son frère. Elle s'empressa de l'ouvrir, et à peine en eût-elle parcouru quelques lignes qu'un voile de larmes s'étendit sur ses yeux, et qu'un sanglot douloureux s'échappa de sa poitrine.

Cette lettre avait été écrite par un jeune Français établi au Brésil, et qui était devenu l'ami de M. Dableville. Il racontait d'abord que depuis quelque temps la santé de celui-ci avait subi une grave altération, causée sans doute par la continuelle agitation de son esprit, par le changement de climat, et peut-être aussi par les regrets donnés à la patrie absente.

« Son dépérissement était alarmant depuis quelque temps, disait-il, et c'est dans cet état qu'il a été atteint d'une fièvre épidémique qui l'a rapidement emporté, malgré tous nos soins et nos efforts.

» A part quelques rares moments où il espérait recouvrer la santé, il ne s'est point fait illusion sur la gravité de son état. C'est là pour moi un triste devoir à remplir que de vous apprendre la perte que vous avez faite ; toutefois si quelque chose peut adoucir vos regrets, c'est la certitude qu'Albert est mort en chrétien résigné. Il s'est éteint plein d'espérance en Dieu, dans les bras d'un respectable ecclésiasque ; ses dernières pensées ont été pour sa famille, ses dernières paroles, des paroles de pardon pour la femme qu'il avait associée à sa destinée, et qui, m'a-t-il dit, n'a point eu pour lui les sentiments d'une épouse.

» J'étais son confident le plus intime ; c'est moi qui ai recueilli son dernier soupir ; quelques moments avant l'heure suprême il m'a appelé auprès de lui, et, d'une voix affaiblie, il m'a chargé de vous transmettre ses adieux à vous, madame, ainsi qu'à mademoiselle Fanny Valmeire dont il ne prononçait le nom qu'avec respect et attendrissement. »

Eveline terminait cette lecture quand Fanny parut ; elle trouva madame Duverger pâle, frémissante, et les yeux attachés encore sur la fatale missive.

— O ciel! qu'avez-vous? lui dit-elle.

— Lisez, lisez, dit la jeune femme en lui tendant la lettre.

A peine l'eût-elle parcourue qu'une altération se peignit sur tous ses traits; mais bientôt elle détourna ses regards de cette plage lointaine où Albert avait terminé sa vie, dévoré de tourments et de regrets; ses pensées se dirigèrent vers la patrie immortelle, but de ses efforts, de ses espérances, et pour laquelle avait déjà pris son essor cette âme réconciliée avec Dieu. Elle s'approcha de madame Duverger, et lui prenant la main :

— Pauvre amie, lui dit-elle, je comprends votre douleur; mais croyez-moi, Dieu a été clément à son égard, car la vie ne pouvait être qu'amère pour lui, et il nous est permis d'espérer qu'il a trouvé devant le juge suprême indulgence et pardon.

Madame Duverger voulut apprendre à son père le nouveau malheur qui venait de l'atteindre; elle ne pouvait croire que tout fut éteint dans son intelligence; elle espérait même qu'un violent choc moral réveillerait ses facultés engourdies. Elle essaya donc de le frapper par une révélation prompte et soudaine, et s'avançant vers lui toute baignée de pleurs :

— Mon père, lui dit-elle, Albert est mort, vous n'avez plus de fils !

— Plus de fils ! répéta-t-il machinalement.

Ces mots n'avaient pour lui aucun sens ; il était tout absorbé en ce moment par la contemplation d'une liasse de papiers qui figuraient à ses yeux d'importantes valeurs.

Tout à coup, il releva la tête et regarda fixement sa fille.

— Qui parle de ruine ? s'écria-t-il, moi ruiné !.... mais je suis riche, bien riche !...

Et ses lèvres s'entrouvrirent pour laisser échapper un éclat de rire.

Ce rire retentit comme un glas funèbre dans l'âme d'Eveline et de Fanny. Madame Duverger voila son visage de ses deux mains, et mademoiselle Valmeire resta quelque temps immobile, les regards attachés sur le vieillard qui poursuivait son rêve favori. Elle s'abandonnait à de profondes réflexions en repassant dans son esprit la triste destinée des membres de la famille Dableville.

Cependant la ruine d'Albert avait atteint d'une manière cruelle Valérie Bordier dans son amour-propre et dans son ambition ; elle ne pensait à lui qu'avec colère, avec indignation ; elle l'eût absous sans doute d'avoir été lâche et coupable, elle ne pouvait lui pardonner de n'avoir point réussi, d'avoir été un spéculateur maladroit.

Cependant comme la fortune de son père était

suffisante pour lui permettre de ne rien changer à ses habitudes de luxe, elle avait réussi facilement à se distraire de son chagrin. Installée dans la maison paternelle, elle avait pris en main les rênes de l'administration domestique, faisant triompher partout autour d'elle son impérieuse volonté.

Quoique son visage ne portât nulle trace de souci ni d'altération, elle se proclamait très-malheureuse, se regardait comme une victime de la témérité et de l'imprévoyance de son époux. Aussi réservant toute sa pitié pour elle-même, elle n'éprouvait pas le moindre sentiment de commisération pour M. Dableville. Elle avait appris vaguement qu'il avait quitté la France, mais sans s'inquiéter du lieu vers lequel il avait porté ses pas.

Un soir que Valérie venait de terminer sa toilette pour assister à une brillante soirée, on lui remit une lettre placée dans une enveloppe de grande dimension, et portant un timbre étranger. Cet écrit émanait de Rio-Janeiro, et il était destiné à lui annoncer officiellement la mort d'Albert.

Elle ne pouvait regretter de voir brisé le lien qui l'attachait à un homme que la fortune avait trahi si cruellement, et d'ailleurs le veuvage lui rendait sa liberté. Aussi son œil resta sec et sa physionomie impassible, pendant qu'elle prenait connaissance de la douloureuse missive ; la surprise se peignit seule sur ses traits.

Elle alla sur-le-champ rejoindre son père et lui tendit la lettre qu'elle venait de recevoir.

— Tiens, dit-il, voilà du nouveau; je ne m'y attendais certes pas... Le pauvre garçon était encore bien jeune; il aura vu qu'il lui fallait plus de temps pour refaire sa fortune qu'il n'en avait mis pour la perdre. J'y songe, il laisse sans doute des affaires embarrassées; tu ne dois accepter sa succession pour ton fils que sous bénéfice d'inventaire.

Ce fut là toute son oraison funèbre; pas une parole d'affection ni de regret ne jaillit de ses lèvres.

Le fils d'Albert fut revêtu d'habits de deuil qui n'eurent aucune signification pour lui, car il ne s'éleva pas une voix pour lui parler de ce père qu'il avait à peine connu et dont le souvenir n'effleurait jamais sa pensée.

L'année suivante, Valérie devint la femme d'un agent de change déjà sur le retour, aussi étranger qu'elle à toutes les délicatesses du cœur et de l'esprit, et qui regarda comme une excellente opération d'ajouter à ses capitaux ceux de l'héritière de M. Bordier.

XI

Conclusion.

S'il est assez fréquent de rencontrer ici-bas des natures prêtes à s'abandonner à un élan généreux, il est plus rare d'en trouver qui accomplissent le bien avec persévérance, sans se lasser jamais, sans se laisser décourager par les obstacles que rencontre le plus souvent l'accomplissement d'une action digne d'éloges.

Fanny Valmeire toutefois était de ce nombre; ce n'est pas dans un moment d'exaltation qu'elle avait offert à Eveline l'appui de son affection. Les jours, les mois, les années se succédèrent sans rompre l'intimité qui existait entre elles. Leur liaison n'était pas de celles qui se forment dans le monde et dont la durée est presque toujours éphémère, parce que chacun y apporte ses passions mesquines, son égoïsme, son amour-propre, et ne demande à l'amitié que des jouissances, sans vouloir lui faire aucun sacrifice. Fanny faisait preuve dans ses relations avec madame Duverger d'un dévouement et d'une indul-

gence inépuisables. Eveline, aigrie par son malheur,
se montrait parfois ingrate à son égard ; mais elle
regrettait bientôt ses mouvements d'humeur, et, dans
le fond de son âme, elle rendait un complet hommage
à sa vertu, à sa bonté touchante.

Dix années s'étaient écoulées depuis l'installation
de madame Duverger à Liége. Vers la fin d'une
belle journée de septembre, les deux familles se
trouvaient réunies dans l'habitation de monsieur
Delmire. Mathilde était assise dans un pavillon du
jardin ainsi que son époux, sa sœur et Eveline, tandis que deux jolies enfants dont elle était l'heureuse
mère s'ébattaient gaîment sur la pelouse sous les
yeux de Louise et de Valentine qui, malgré leurs
seize ans, paraissaient prendre part à leur gaîté
enfantine et s'amuser beaucoup de leur naïf enjouement.

La jeune maîtresse de maison avait perdu quelque
chose de sa vivacité d'autrefois ; mais elle était
fraîche et jolie encore, et son visage avait conservé
une expression aimable et souriante. Elle tenait à la
main un ouvrage de fantaisie, tandis que Fanny
travaillait activement à un vêtement d'étoffe commune
qu'elle destinait sans doute à quelque pauvre famille
d'artisans.

Monsieur Delmire promenait un regard satisfait
sur tout ce qui l'entourait ; c'était là pour lui une

heure de bien-être, de quiétude qu'il savourait avec délices. Il se sentait heureux, après le labeur du jour, de se délasser de ses fatigues au milieu des êtres qui lui étaient chers et dont la vue reposait doucement son âme et ses pensées.

Le travail avait creusé sur son front quelques rides précoces ; mais dans son regard, dans son sourire, on lisait cette paisible sérénité qu'éprouve l'homme satisfait de lui-même et des autres. En effet Henri Delmire s'avançait avec calme sur la voie qu'il s'était tracée à lui-même et où il lui était donné de goûter des jouissances qui répondaient aux aspirations les plus élevées de son âme.

Voué aux nobles travaux de l'intelligence, il se plaisait à retremper son esprit dans l'étude et la réflexion ; il s'efforçait avec ardeur de perfectionner son talent oratoire, non pour en faire l'instrument de son ambition, mais pour le mettre au service du bon droit et de la vérité. Déjà plus d'un accusé avait dû son acquittement à sa parole éloquente et chaleureuse.

En même temps qu'il se plaçait ainsi parmi les maîtres du barreau, il se vouait à la propagation de toutes les idées généreuses, et l'appui qu'il accordait aux déshérités de la fortune, le zèle avec lequel il soutenait toutes les œuvres de bienfaisance prouvaient assez que le cœur était chez lui à la hauteur de l'intelligence.

Il croyait fermement que le véritable progrès consiste dans le triomphe de la religion du Christ, dans l'amélioration morale de l'humanité ; mais s'il arborait ouvertement son drapeau, il montrait tant de loyauté et de modération qu'il forçait ses adversaires mêmes à l'estimer.

Cependant, le jour dont nous parlons, madame Duverger paraissait distraite, préoccupée ; elle ne prenait que peu de part à la conversation qui avait lieu auprès d'elle.

Par un mouvement machinal, elle étendit la main pour prendre quelques journaux encore revêtus de leur enveloppe qui se trouvaient à sa portée. Elle parcourut l'un d'entre eux ; puis, tout-à-coup, elle poussa un cri douloureux et ses mains se contractèrent convulsivement.

Ses yeux venaient de se porter sur un article inséré dans la colonne des faits divers ; il était à peu près ainsi conçu :

« La police a arrêté le nommé Duverger, surpris en flagrant délit de manœuvres frauduleuses accomplies au jeu dans le salon de M. ****, où il était parvenu à se faire inviter. Il paraît que ce malheureux a possédé autrefois une assez belle fortune qu'il a complétement dissipée par ses folles prodigalités. Les soupçons étaient tombés sur lui depuis quelque temps déjà, parce que, sans avoir aucune ressource, il trouvait moyen de mener une existence presque confortable. Son habileté était si grande qu'il parvenait à extorquer des sommes considérables, et il serait parvenu à faire encore de nombreuses dupes, si l'éveil n'avait pas été donné à la police. »

Tous ceux qui composaient la petite société s'étaient rapprochés d'Eveline, étonnés qu'ils étaient de l'exclamation soudaine qui venait de lui échapper.

Elle mit alors sous leurs yeux les lignes qui l'avaient si profondément remuée.

— Vous le voyez, s'écria-t-elle, c'est bien de Maurice qu'il s'agit; il ne m'est guère possible d'en douter. Quelle honte! quelle infamie! comme la vengeance du Ciel s'est appesantie d'une manière cruelle sur notre maison!...

Bientôt Eveline dirigea ses regards vers Louise et Valentine, dont cette scène n'avait pas éveillé l'attention; elle essaya alors de refouler les larmes qui lui gonflaient le cœur.

— Hélas! dit-elle d'une voix brisée, cela doit être un secret pour mes deux filles; fasse le Ciel qu'elles ne connaissent jamais la vérité! Que vous êtes heureuse, Mathilde! ajouta la pauvre femme avec agitation; vous êtes fière de votre époux, de la considération générale qui l'entoure. Vos enfants porteront un nom pur, respecté; elles se rappelleront

avec orgueil les vertus, le noble caractère de leur
père, tandis que mes filles.....

Et sa voix s'éteignit dans un sanglot. Monsieur
Delmire, Fanny et Mathilde se sentaient profondément
émus à l'aspect de cette douleur si vraie, si poignante;
ils ne trouvaient rien à dire pour en modérer
l'expression.

C'était bien en effet Maurice Duverger qui était
désigné dans l'article que nous avons rapporté, et
les informations que monsieur Delmire s'empressa
de prendre ne permirent bientôt plus à Eveline de
conserver aucun doute à cet égard.

Elle suivit avec une pénible anxiété tous les détails
du procès, pendant lequel Maurice se montra lâche
et audacieux, et qui se termina par une condamnation
à deux années d'emprisonnement.

L'impression causée dans l'âme d'Eveline par cette
douloureuse affaire s'affaiblit peu à peu ; mais sa
mélancolie en devint plus amère, et elle se renferma
dans une solitude plus profonde encore.

Grâce aux ténèbres qui obscurcissaient ses facultés
intellectuelles, monsieur Dableville ne connut point
le déshonneur de son gendre, ni la mort de son fils.
Il s'éteignit bientôt après, recouvrant avant sa mort
l'usage de la raison et recevant d'un ministre de
Dieu le pardon de ses fautes et les secours de
la Religion.

Toutefois la Providence avait ménagé à madame Duverger de douces consolations : elle trouva de profondes jouissances dans la tendresse de Louise et de Valentine, qui avaient répondu largement aux soins de mademoiselle Valmeire et dont le cœur s'était orné des plus aimables vertus.

Cette généreuse amie n'avait pas borné là sa tache; elle se réservait de pourvoir au soin de leur avenir, et Eveline s'en reposait sur elle avec une complète sécurité.

Assurément, le bonheur parfait n'est pas de ce monde; cependant, monsieur et madame Delmire pouvaient s'estimer heureux. Ils n'étaient pas exempts, il est vrai, des peines, des tribulations attachées à la condition humaine; mais ils ne connaissaient pas ces inquiétudes, ces déchirements qu'entraînent les passions, les désirs ambitieux, les ardentes convoitises.

Entourés de l'estime et de l'affection de ceux qui les connaissaient, ils devaient s'acheminer paisiblement, sous l'œil de Dieu, vers ce terme de l'existence qui n'est pour le chrétien que le prélude de l'immortalité.

FIN.

COLLECTION FABIOLA.

Nous avons réuni sous cette dénomination, et suivant l'ordre des siècles, les principaux ouvrages qui, d'après le conseil de l'illustre auteur de FABIOLA, ont été composés en diverses langues, pour continuer l'œuvre du Cardinal Wiseman, en présentant « un tableau fidèle de la situation de l'Eglise dans les siècles passés de son existence. » Ces ouvrages sont publiés dans le format gr. in-12.

La reliure des volumes ci-dessous coûte :
Imitation toile avec dessins dorés du meilleur goût.   .   40 centimes.
Toile anglaise, même dorure . . . . 60 centimes.

LA VENGEANCE D'UN JUIF; par l'abbé C. GUENOT.   1,50

LA VESTALE; par M^{llo} DE LA GRANGE.   1,50

LYDIA ; par le chan. Herman GEIGER. Trad. de l'allemand.   1,50

CESONIA ; par LEHMANN. Traduit de l'allemand.   1,50

VIVIA OU LES MARTYRS DE CARTHAGE, par le Vte DE MARICOURT. 2e édition.   2,00

EPAGATHUS, OU LES MARTYRS DE LYON, par Edouard DE VILLENEUVE, 3e édit.   1,50

L'ANNEAU IMPÉRIAL; par P. BION.   1,00

EUSÈBE, ou les chrétiens au désert. Traduit de l'anglais.   1,50

CALLISTA, scènes de l'Afrique chrétienne au IIIe siècle; par le P. NEWMAN, recteur de l'univ. de Dublin. Trad. nouv. 3e édit.   2,00

ÆMILIANUS, ou le soldat martyr au IVe siècle ; par l'abbé HENNART.   2,00

FABIOLA, ou l'Eglise des Catacombes, par le card. WISEMAN.   1,50

MARCELLINUS; par l'abbé C. GUENOT.   1,50

CÉCILIUS VIRIATHUS , épisode des premiers temps du Christianisme dans la Grande-Bretagne.   1,00

BEGGA , ou l'Eglise sous les Mérovingiens; par le Vte R. DE MARICOURT. Ouvrage dont Son Em. le Card. WISEMAN a daigné accepter la dédicace.   1,50

ROI ET REINE; par R. BEHRLE. Traduit de l'allemand, par DE VILLERS.   2,00

LA REINE BERTHE; par Conrad DE BOLANDEN. Traduit de l'allemand.   2,00

MATHILDE DE CANOSSE; par le P. BRESCIANI, de la Comp. de Jésus.   1,50

BARBEROUSSE ; par Conrad DE BOLANDEN. Trad. de l'allemand.
432 p.   2,00

LUDWIG ET EDELTRUDE ; par F.-J. HOLZWARTH. Traduit de
l'allemand.   1,50

HERMAN LE PRÉMONTRÉ, ou les Juifs et l'Eglise au moyen âge ;
par le Dr WEBER. Traduit de l'allemand.   2,00

RAFAELLA, ou la ligue Lombarde, par SILVIO PELLICO. In-12 1 50

GENEVIÈVE DE BALZO ; par MICHEL.   1,50

LAURENTIA, histoire japonaise ; par Lady Georgiana FULLERTON.
Trad. de l'anglais par Mme E. DE LABOULAYE. 2e édition.   2,00

D'autres volumes sont en préparation.

CINQ EDITIONS:

FABIOLA ou **L'ÉGLISE DES CATACOMBES** ; par Son Emin. le
cardinal WISEMAN, arch. de Westminster. Trad. par le P. PASCAL-MARIE,
de l'ordre des Frères-Mineurs, (dans le monde M. Villiers de Lagrenée).
Seule traduction française reconnue fidèle, avec *portrait, plan, gravures*
et *fac-simile d'inscriptions tumulaires* dans le texte.

   Édition de luxe. — *Splendide volume très-grand in-8o, papier
glacé, impression de grand luxe, grav. dans le texte, lettre autographe et portrait de Son Éminence (1867)* 5,00

   Édition illustrée. — La même, *avec 24 sujets gravés (sous
presse pour paraître à la fin de septembre 1867)* 10,00

   Pour bibliothèques. — *Gr. in-12 512 p. pap. glacé, impression élégante gravures dans le texte, autographe et portrait de Son
Eminence* 1,50

   Pour distributions de prix. — *In 8o 312 p. papier glacé,
gravures dans le texte, et portrait de S. E. avec le fac-simile de sa
signature* 1,50

   — Le même, *reliure imitation toile, riches dorures* . . . 1,80

   Pour bibliothèques populaires. — *Gr. in-12, 312 pages,
papier glacé, gravures dans le texte, et portrait de S. E. avec le
fac-simile de sa signature* 1,00

   — Le même, *reliure imitation toile, riches dorures* . . . 1,30

Malgré son extrême bas prix, cette dernière édition est très-complète. Nous
croyons opportun de le dire pour éviter la supposition contraire Nous n'avons
pas dû, pour réaliser ce bon marché, user de la moindre supercherie, ni
mutiler ou condenser le texte d'une œuvre dont l'illustre auteur tenait expres-
sément à maintenir l'intégralité, ni supprimer les gravures, plans, ou inscriptions tumulaires qui rendent si intéressants les chapitres concernant les
catacombes. Il nous suffirait, pour prévenir tout soupçon, de rappeler que
nous avons jadis retiré du commerce une première traduction qui avait déplu
au Cardinal Wiseman, pour la remplacer par celle-ci, due au R. P. Pascal-
Marie, dans le monde M. Villiers de Lagrenée, qui a vécu longtemps dans
l'intimité de Son Eminence. Son travail consciencieux a mérité, pour son exac-
titude, l'expression officielle de la satisfaction du Cardinal, et les éloges de la
publicité pour l'élégance du style.

TABLE.

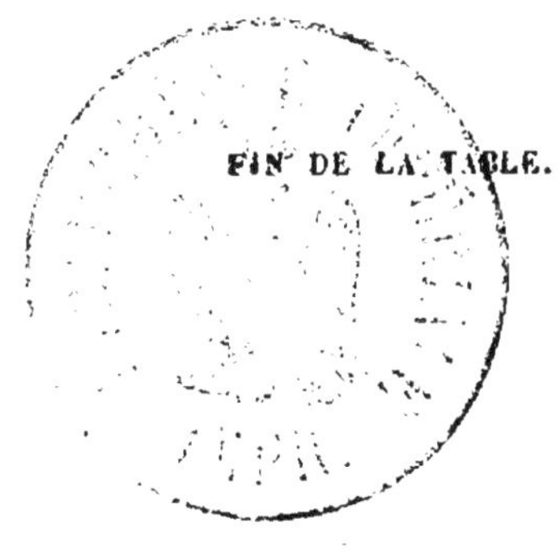

FIN DE LA TABLE.

Typ. de H. Casterman.

NOUVELLES.

Agnès ; par Maria **Caddell**. In-12. 1,00

Au temps passé ; par Mad. Félicie **d'Ayzac**. Gr. in-12. 1,50

Bouquet de nouvelles ; par Mlle **Nottret**. In-12. 1,00

Caciques de Tlascala (les) ; par S. **Dirks**. In-12. 2,00

Cœurs d'or (les) ; par Mme **Gransard**. Gr. in-12. 1,50

Couronne de roses blanches ; par Mme **de Stolz**. Gr. in-12. 1,50

Contre un proverbe, nouvelles ; par Mlle Th. **Alphonse Karr**
Gr. in-12. 1,50

Deux histoires vraies ; par **de Cabrières**. In-12. 1,00

Echos et souvenirs de la Flandre ; par Mad. **de Gaulle**. Gr.
in-12. 1,50

Facteur de la poste (le) ; par la princesse **A. de Bavière**. Trad.
par A. **de Drohojowski**. Gr. in-12. 1,50

Famille de Celnar (la) ; par Mlle **Nottret**. In-12. 1,00

Leçons (les) **de la vie** ; par Mlle **Nottret**. Gr. in-12. 1,50

Maria ; par **Sanesi**. In-12. 1,00

Orpheline d'Onval ; par Mademoiselle **Nottret**. In-12. 1,50

Père François (le) ; par E. **Benoît**. In-12. 4 *sujets*. 1,20

Scènes de la vie réelle ; par Mlle **Nottret**. In-12. 1,50

Semailles (les) **et la Moisson** ; par Ad. **Siret**. 2 vol. gr. in-12. 3,09

Soldats du Pape (les) ; par Gabriel **Gerny**. In-12. 0,80

Sous la feuillée ; par Mad. **Gransard**. Gr. in-12. 1,50

Visites de Madame Marguerit ; par E. **Benoit**. In-12. 4 *sujets
gravés*. 1,20

ŒUVRES DE Mme BOURDON.

Homonymes de l'histoire. In-12. 1,00

Lettres à une jeune fille. Gr. in-12. 1,50

Mademoiselle d'Epernon. In-12. *Sujet gravé*. 1,00

Onze nouvelles. 3e édition. Gr. in-12. 1,50

Politesse et savoir-vivre. Gr. in-18. 0,60

Quatre nouvelles. 2e éd. Gr. in-12. 1,50

Tableaux d'intérieur. Gr. in-12. 1,50

COLLECTION A 1 FRANC.

Cette Collection s'augmentera de volumes nouveaux.

MUSÉE MORAL ET LITTÉRAIRE
DE LA FAMILLE.

COLLECTION ÉCONOMIQUE, FORMAT GRAND IN-8, PAPIER FORT.

Chaque volume orné d'un sujet gravé, est élég. broché. Prix : 1,20.

Alaf le Chevrier.	Fleurs de la vie de pension.
Amies de pension.	Jean Sobieski.
Au foyer de la famille.	Lances de Lynwood.
Baguettes du petit tambour.	Neveu de l'ingénieur.
Chambre à la porte de fer.	Olivier Cromwell.
Château de l'aïeule.	Père Laval.
Chaumière de Haut-Castel.	Périls de Percival.
Clef de la frégate.	Ravin des loups.
Clémence.	Rupert le Braconnier.
Contrebandiers.	Scander-Bey.
Croix d'Orval.	Sédécias et Flavius.
Dents de Jacq. d'Armagnac.	Sire Evrard.
Deux histoires.	Trésor des Flibustiers.
Edouard Blackford.	Un Esprit et un Cœur.
Epis de Ruth.	Vengeance d'un ci-devant.
Etoile de Tunis.	Ville des morts.
Ferme d'El-Barbi.	Village des Alchimistes.
Fille du Colon.	

ÉPOPÉES DE L'HISTOIRE DE FRANCE
Par l'abbé GUENOT.

Volumes in-8 de 160 pages avec gravures à 1 fr. 20.

Sigismer.	Le Roi de la mer.
Les Abeilles d'or.	L'héritier de Duncastel.
Le Fils aîné de l'Eglise.	Guillaume Hubray.
Chramn le maudit.	Yves le Mayeur.
Les Myst. du palais de Braine.	Les Redresseurs de torts.
La villa de Héristall.	Le Soldat de la Croix.
Lampégia, ou la pris. des Arabes.	Réginald.
Warderick.	Le Maître de Hongrie.
Le Sanctuaire d'Irmensul.	Le Juge du Roi.

Nous appuyant sur l'étymologie radicale du mot et les définitions des lexicographes, nous avons cru pouvoir intituler cette collection : Les Épopées de l'Histoire de France. Elle se composera de 36 volumes, parfaitement distincts par l'action dramatique, dans laquelle l'auteur a su introduire avec art les faits historiques de l'époque. Dix-huit volumes ont paru, et les six premiers sont déjà arrivés à leur seconde édition. Chaque ouvrage est comme un anneau de cette longue chaîne d'actions héroïques, qu'on appelle l'Histoire de France. M. Guenot y fait revivre les personnages, qui se meuvent sous les yeux du lecteur, avec leur langage, leurs mœurs, leur caractère. Ces trente-six volumes, qui ont l'attrait du roman, embrasseront les fastes françaises, depuis l'origine de la nation gauloise, jusqu'aux scènes de l'histoire contemporaine.

RÉCITS
HISTORIQUES ET LÉGENDAIRES
DE LA FRANCE

PAR

J.-P. FABER, BALECH-LAGARDE, A. DE GY, AYMÉ CÉCYL,
Mme DE GAULLE, LA B^{onne} DE CHABANNES, GUIBERT, LE Vte DE MARICOURT,
L. DE LA RALLAYE, L. POILLON, L'ABBÉ MOULS, A. BLANC, ETC.

Chaque volume in-12, orné d'un sujet gravé. PRIX : 60 centimes.

Amis du Paon d'or (Ardennes).	**Mystères de la tourelle** (Aisn).
Amis en vacances (Nord).	**Nantes et la Loire inférieure.**
Basques et Béarnais (B. Pyr).	**Notre-Dame de Pitié** (Vendée).
Bords de la Somme.	**Parisiens en Bretagne.**
Bresse et Bugey (Ain).	**Sac aux armes de Bourges.**
Chevalier de Jeanne d'Arc (Vosges).	**Solitaire de la Morinie.**
Chroniques et légendes de l'Ain.	**Sylva Maria** (Gironde).
Débuts de Justin (Arriége).	**Touristes du Puy-de-Dôme.**
Dîners de S. Blancard (Pyr. Or.)	**Un Anglais sur le chemin de fer du Nord.**
Entretiens sur le Berry.	**Un coin de la vieille Picardie.**
Ermite de Beausoleil (T. et G.)	**Une semaine à Moulins.**
Esquisses du Moyen-Âge (Ain).	**Veillées artésiennes.**
Excursions en Seine-et-Oise.	**Veillées d'Eure-et-Loir.**
Journal d'un écolier (Manche).	**Veillées picardes.**
Légendes du Limousin.	**Ville des Neiges** (Hautes-Pyr.)
Mémoires d'un inconnu (Lot).	**Voyage en Flandre** (Nord).
	Voyage en zigzag (Meuse).

RÉCITS HISTORIQUES BELGES

PAR ADOLPHE SIRET, EDMOND CROISSANT, ETC.

Chaque volume d'environ 120 p. est orné d'un sujet gravé. PRIX : 60 c.

Dispute historique (la), Fl. Oc.	**Rubens et autres récits.**
Galerie (la) **de tableaux.** Anvers.	**Soirées en Famille.** Hainaut.
Godefroid de Bouillon.	**Trois Gilders** (les). Flandre Or.
Homme (l') **aux légendes.** Lux.	**Vacances** (les). Namur.
Manuscrit (le) **de famille.** Br.	**La hutte du pêcheur.**
Mon oncle le sorcier. Liége.	**L'abbaye de tous les saints.**

BIBLIOTHÈQUE VARIÉE

Par S. E. le cardinal Wiseman, Maria Caddell, Neale, Withe, etc.

Chaque volume in-8, de 120 p. est orné d'un sujet gravé. Prix : 80 c.

Deux humilités illustres (l'abbé Gorini, curé d'Ars).
Flocon de neige (Snowdrop).
Deux mystères.
Raphaël et le Corrége.

Le cardinal Wiseman. *Portr.*
Récits des temps apostoliq.
Le B. Jean Berchmans.
Récits des premiers âges de l'Eglise.

OUVRAGES ILLUSTRÉS.

Album du Sacré-Cœur; par **Hallez**. Gr. in-8, illustré de 20 sujets emblèmes, etc., gravés sur acier.   5,00

Nouvelles germaniques; par **Werfer**. Trad. par Pauline L'Olivier. Gr. in-8, jésus, illustré de 4 *sujets a deux teintes.*   2.50

Récits historiques belges; par **Siret**. Gr. in-8. Illustré de 50 gravures exécutées par les premiers artistes de la Belgique.   6,00

Terre-Sainte illustrée (la) de 60 sujets à 2 teintes, d'après les dessins des frères **Haghe**. Texte revu par **Duray**. Splendide volume gr. in-8.   10,00

Histoire de Notre-Seigneur **Jésus-Christ** textuellement tirée des quatre évangélistes, ou Pandectes évangéliques; par le P. Simon **De Cornoy**, religieux célestin. Traduction du latin; par l'abbé B..., umônier. In-12. *Illustré de 9 sujets à deux teintes.*   2.50

Vierges miraculeuses (les) **de la Belgique**. Gr. in-8. *Illustré de 40 grav.* par **Brown**.   7,50

RÉCITS MORAUX ET AMUSANTS; par Pauline L'OLIVIER.

8 volumes in-12. *Illustrés de quatre beaux dessins à deux teintes. Elégamment brochés.*   2,00

Anémones.
Bluets.
Eglantines.

Fleurs des Dunes.
Jacinthes.
Myosotis.

Pervenches.
Violettes.
Liserons.

BIBLIOTHÈQUE ILLUSTRÉE DE L'ENFANCE. Chaque volume gr. in-12 est orné de 4 sujets coloriés. Brochés.   2,00

Contes à mon fils; par Marie de Jorel.

Contes à ma fille; par Marie de Jorel.

Quatre histoires; par Mlle Nottret.

Les trois sentiers; par Marie de Jorel.

LECTURES INSTRUCTIVES.

1re Série : beaux volumes in-8°.

Causeries littéraires; par Mlle Van Biervliet. In-8. *Quatre beaux portraits.*   3,50

Récits anecdotiques; par Henri Van Looy. In-8. *Quatre magnifiques sujets à 2 teintes.*   2,50

Science du vrai bonheur; par Mlle Van Biervliet. In-8. *Quatre sujets à 2 teintes.*   3,50

Souvenirs du pensionnat; par Mlle Van Biervliet. In-8. *Quatre sujets à 2 teintes.*   3,00

2me Série : volumes in-12.

Aveugles et sourds-muets; par A. Rodenbach. In-12. *Portrait, fac-simile.*   1,80

Christophe Colomb; par Mlle Celliez. In-12. *Sujet à 2 teintes.* 1,20

Conquête du Mexique; par A. Del Solis. In-12. *Sujet à 2 teintes.*   1,20

Ecole des jeunes demoiselles; par Reyre. 2 vol. in-12.   2,00

Fleurs des blés, poésies nouvelles ; par Louisa Stappaerts. In-12. *Quatre sujets à 2 teintes.*   2,50

Histoire du Paraguay; par Mlle Celliez. In-12. *Sujet à 2 teintes.*   1,20

Merveilles des quatre saisons; par Mlle Brun. 4 vol. in-12. 4 *sujets à deux teintes.*   5,00

Morale dans l'Histoire naturelle; par Boulongne. In-12. 2,00

Nazareth et Lorette; par l'abbé Milochau. Gr. in-12.   1,50

OEuvres poétiques de Louisa Stappaerts. In-12. *Quatre sujets à 2 teintes.*   2,50

Récits d'un pèlerin; par l'abbé Letremble. 2 vol. Gr. in-12. 4,00

Vertus sociales (les), sources de joie intime; par l'abbé Fouré. In-12.   0,80

Voyage en Italie; par De la Croix. In-12. *Sujet à 2 teintes.* 1,20